GEWEHRE & KARABINER 1939–1945

ENTWICKLUNG – TYPEN – TECHNIK

ALEXANDER LOSERT

VISIER Motorbuch Verlag

Einbandgestaltung: Frank Zähringer

Bildnachweis: Die zur Illustration dieses Buches verwendeten Aufnahmen stammen – wenn nicht anderes vermerkt ist – vom Verfasser.

ISBN: 978-3-613-04378-7

1. Auflage 2021

Sie finden uns im Internet unter www.motorbuch-verlag.de

Lektorat: Sebastian Quillmann
Innengestaltung: Jürgen Knopf, 74321 Bietigheim-Bissingen
Druck und Bindung: DZS Grafik, d.o.o., 1210 Ljubljana-Sentvid
Printed in Slovenia

Vorwort

Karabiner und Gewehre im Zweiten Weltkrieg – darum geht es auf den folgenden Seiten des mittlerweile sechsten Bandes der Reihe, die aus der Zusammenarbeit der Waffenzeitschrift VISIER mit dem Motorbuch-Verlag entstand. Mein Kollege Michael Heidler und ich selbst freuen uns ungemein darüber, dass wir wohl mit dieser Serie einen Nerv getroffen haben. Denn gerade im Moment, wo ich diese Zeilen schreibe, in der ersten Hälfte des Jahres 2020, wird alles von einem Thema dominiert: Corona. Kurzarbeit, Zusammenstreichungen von Projekten und Sparmaßnahmen allerorten. Doch als wir uns mit dem Motorbuch-Verlag in Verbindung setzten, um zu fragen, inwieweit wir das Projekt verschieben sollen, kam als Antwort, dass man auf alle Fälle nach wie vor an der Erscheinungsweise – also zwei Bände im Jahr – festhalten wolle. Lediglich der Abgabetermin für diesen Band wanderte einen Monat nach hinten, um die Kapazitäten bei der Umsetzung nicht zu sehr zu strapazieren. Dafür sei auf der einen Seite dem Verlag gedankt, aber natürlich auch den Lesern der Bände, die dieses Projekt ja überhaupt erst möglich machen. Deswegen noch einmal: vielen Dank.

Wie gesagt, willkommen zum sechsten Band der Reihe. Ob jemand nun alle sechs sein Eigen nennt, oder nur einzelne Bände besitzt, das spielt keine Rolle. Jeder Band beleuchtet ein Waffenthema für sich allein und alle zusammen geben einen Überblick über diese komplexe und technische Welt. Aber was kommt nun in diesem Band auf den Le-

Ein Kommandeur mit Ritterkreuz begutachtet einen Unterstand. Die Wache vor dem Unterstand trägt die »Braut des Soldaten« über der Schulter – seinen Karabiner.

ser zu? Und gleicht er den anderen? Diese Fragen sind gar nicht so einfach zu beantworten, wie der eine oder andere vielleicht denken möchte. Als die Reihe im Jahr 2018 mit den »Maschinengewehren 1939 bis 1945« begann war es wie ein Sprung ins kalte Wasser, was die Konzeption anging. Manches stieß auf große Zustimmung, anderes auf Kritik, und manche Leser schickten Anregungen und Vorschläge. Soweit es möglich war, griffen die Autoren die Vorschläge auf und feilten weiter an dem Konzept der Bücher.

Eines sei deswegen gesagt: Der Aufbau mit der »Geschichte«, den »Konstrukteuren«, der »Funktionsweise«, gefolgt vom Überblick der »Waffen« hat sich bewährt. So wird auch dieser Band dieser Basis folgen. Denn es hat sich – auch aus der Rückmeldung der Leser – ergeben, dass gerade die einführenden Kapitel mitunter die Würze darstellen, die das Buch von anderen Werken abhebt, die zu viel Wissen voraussetzen. Aber wo liegen nun die Unterschiede?

Es erwies sich als äußerst schwierig, auf einer begrenzten Seitenanzahl ein möglichst hohes Maß an Informationsdichte, Waffenvielfalt und entsprechende Aufnahmen unterzubringen, gepaart mit Texten, die informativ und unterhaltend zugleich ausfallen. Aus diesem Grund gab es immer wieder Angleichungen, gerade was die letzten Bände anging. Dies wird dann im vorliegenden Band wohl besonders auffallen, allein schon was die Texte und Bildfülle zu den Karabinern betrifft. Das heißt, dass die einzelnen Waffen mehr Text bekommen haben, was natürlich den Informationsgehalt erhöht. Und zum anderen gibt es auch mehr Bilder, um den Schauwert zu erhöhen.

Trio mit alten Helmen und Karabinern hinter der Front. Der Karabiner 98k lief zu Millionen aus den Fabriken. Aber trotzdem reichten die Kapazitäten nicht aus, um alle Männer damit auszurüsten. Auch Waffen anderer Nationen fanden so den Weg in die deutschen Reihen.

Was den Kern des Buches angeht, so wird es sich wieder an den Hauptakteuren des Zweiten Weltkrieges orientieren. Dazu treten dann kleinere Nationen, die der Strudel dieses Konfliktes erfasste und die sich mit ihren Waffen daran beteiligten. Viele Karabiner waren bis zum Ende des Krieges im Einsatz, obwohl die Nationen längst kapitulierten, denn viele wanderten als Beutewaffen in die Bestände der Deutschen, die Einheiten damit ausrüsteten.

Die deutsche Rüstungsindustrie war nämlich nicht in der Lage, den Durst der Front nach immer neuen Waffen zu befriedigen. Aus diesem Grund kamen eben auch polnische, belgische oder auch russische Karabiner in deutschen Diensten zum Einsatz, wie man sehen wird.

Was das System des Karabiners/Gewehres selbst angeht, so war der Zweite Weltkrieg ein Wendepunkt für diese Waffenart. Schon im Ersten Weltkrieg tauchten die ersten Maschinenpistolen auf. Ebenso das Maschinengewehr. Diese neuen Waffen funktionierten als Selbstlader. Beim Karabiner musste der Soldat immer noch selbst durchladen beziehungsweise repetieren. Eine zeitaufwändige Angelegenheit. Und gerade im Zweiten Weltkrieg tauchten vermehrt die Selbstladegewehre auf, derer sich ja mein geschätzter Kollege Michael Heidler schon angenommen hat.

Auch die Wehrmacht wollte nach und nach auf Selbstlader als Breitenbewaffnung der Truppe umstellen, doch die fehlenden Ressourcen, die mangelnden Produktionskapazitäten und das Kriegsende verhinderten eine massenhafte Einführung von Gewehren wie dem Sturmgewehr 44. Da waren andere Nationen wesentlich weiter. So blieb der bekannte Karabiner 98k bis zum Kriegsende der Standard des Landsers.

Ein Bild aus dem Osten. Deutsche Soldaten auf dem Vormarsch. Neben dem MG sieht man vor allem die Karabiner im Bild, die jeder Landser als Standardbewaffnung bekam. Dabei war dieses Prinzip schon veraltet und Selbstlader das Maß aller Dinge.

Heute gehört der Selbstlader oder besser gesagt das Sturmgewehr mit vollautomatischer Option zur Standardausrüstung von Armeen rund um den Erdball. Nur bei bestimmten Formationen – wie etwa den Scharfschützen – kommen die Repetierer noch zum Einsatz. Mit dem Ende des Zweiten Weltkrieges setzte eben auch das Ende für die Karabiner ein, die dennoch einen wichtigen Schritt in der Waffenentwicklung darstellen. Und genau diese wollen wir in diesem Band darstellen.

An dieser Stelle folgt normalerweise der Dank an die Menschen, die bei der Entstehung mitgeholfen haben. Doch bei den letzten Bänden habe ich mich schon bei jenen bedankt, die mir wichtig sind, und es soll keine endlose Litanei werden, sich immer bei den gleichen Menschen zu bedanken, die wissen, wie sehr ich ihnen zu Dank verpflichtet bin.

Deswegen sei an dieser Stelle den Menschen beim Motorbuch-Verlag, namentlich Chirstine Heidkamp, Joachim Kuch und besonders Sebastian Quillmann gedankt, mit denen es sich prima zusammenarbeiten lässt und die immer mit Rat und Tat zur Stelle sind, wenn es Probleme gibt.

Und auch was neue Projekte angeht, kommt von diesem Trio immer wieder interessanter Input und viele Anregungen.

Weiter sei dem Grafiker Jürgen Knopf sowie allen Verantwortlichen in Produktion, Druck und Vertrieb gedankt, die dafür Sorge tragen, dass die Produktion so reibungslos abläuft und das Buch am Ende Wirklichkeit werden kann.

Und noch einmal sei dem Leser gedankt, der mit seiner Entscheidung dazu beiträgt, dass wir diese Reihe schaffen konnten, die noch nicht an ihrem Ende angekommen ist. Es werden nach jetzigem Stand noch ein paar Bän-

Zeitgenössischer Schnappschuss von zwei jungen Soldaten mit ihren Gewehren.

de dazu kommen und zwar sowohl von Michael Heidler als auch von mir selbst. Vielen Dank an unsere treue Leserschaft und für die vielen Rückmeldungen, die uns bei der Erstellung der Bücher weitergeholfen haben.

Und gerade wegen unserer Leser möchte ich eine Sache noch ansprechen. Immer wieder taucht die Frage auf, warum dieses oder jenes Modell nicht erläutert wird oder warum den Deutschen so viel Platz eingeräumt wird. Das hat einen einfachen Grund. Diese Reihe ist so geplant worden. Man kann einfach keine vollumfängliche Chronik auf so wenigen Seiten schreiben. Diese Reihe soll mehr einen Überblick liefern in historisch/technischer Hinsicht mit den wichtigsten Daten und dabei die bekannte Enzyklopädie aus dem Internet schlagen – das dürfte uns bislang gelungen sein.
Aber wie gesagt, erinnern wir uns an den ersten Band, dessen Titel lautet »Maschinengewehre 1939 bis 1945« und nicht »ALLE Maschinengewehre 1939 bis 1945«. Es würde einfach den Rahmen und auch die Kosten des Buches sprengen, wenn man sich aller Modelle annehmen müsste, weswegen eine Auswahl getroffen werden musste – bei jedem Buch.
Sollten Sie, liebe Leser, aber ein Modell vermissen, dann zögern Sie nicht und schicken Sie uns das vermisste Modell. Wenn genug zusammenkommen, ließe sich vielleicht ein Ergänzungsband erstellen.
Es steht aber noch eine Frage im Raum. Warum der deutsche Schwerpunkt? Der Fokus liegt eben auf den Deutschen, um zu zeigen, was alles seinen Eingang in die Listen und die Verwendung der Deutschen Truppen fand, mit der entsprechenden Bezeichnung. Die Mehrheit wünschte es eben so, und danach richten wir uns als Autoren, zumal eben die Bücher auch auf Deutsch erscheinen.
Eines möchte ich aber noch ansprechen: Auch wenn es in dieser Reihe um Waffen geht, die in erster Linie militärischen Zwecken dienen, so möchte ich doch betonen, das es keinen guten Krieg auf der Erde gibt. Die Technik mag interessant sein, aber man muss daran denken, wofür diese Waffen gedacht sind. Gerade heute – also während ich diese Zeilen schreibe – liegt der Zweite Weltkrieg 75 Jahre zurück, der weite Teile Europas und Asiens verwüstete, Abermillionen Menschenleben kostete, vielen Millionen die Heimat raubte und unendliches Leid verursachte. In Tausenden Jahren der Menschheitsgeschichte war eben dieser Mensch sehr erfinderisch, wenn es darum ging, sich gegenseitig auszulöschen. Von einem »gerechten Krieg« wurde in der Geschichte schon oft gesprochen, aber es hat ihn nie gegeben, ganz im Gegenteil. So kann die Forderung, die man aus den Jahrhunderten der Kriege, Massaker und Vertreibungen nur lauten:

NIE WIEDER KRIEG!

Ob dieser Wunsch allerdings in Erfüllung gehen wird, sei dahingestellt. Mir kommt es vor wie eine Utopie in einer fernen, nicht zu erreichenden Galaxie. Denn immer neue, bessere und tödlichere Waffen werden entwickelt. Bei aller nachdenklichen Sicht auf das Thema Waffen wünsche ich bis zum nächsten Band, dessen Thema ich hier noch nicht verraten möchte, viel Informationsgewinn aus und Lesevergnügen mit dem vorliegenden Buch zu den Gewehren und Karabinern des Zweiten Weltkriegs.

Alexander Losert
Journalist und Politologe
Grünberg, 2020

Gewehr und Karabiner

Ein geschichtlich-waffentechnischer Überblick

Seit jeher üben Waffen auf viele Menschen eine gewisse Faszination aus. Sie gehören zu den ältesten Werkzeugen, mit denen eben der Homo Sapiens sich die Herrschaft über den Planeten erstritt, wenn nicht gar erkämpfte. Es war immens wichtig, mit Waffen Tiere zu erlegen, die als Quelle für Nahrung, Kleidung und andere Dinge dienten. Waffen nahmen deswegen eine so wichtige Stellung ein, da sie es den ersten Menschen möglich machten, auch größere und stärkere Tiere zu erlegen, die sie ansonsten nicht zur Strecke bringen konnten.

Aber ebenso gehört es zur Wahrheit, dass eben jener Homo Sapiens Waffen auch gegen andere Menschen einsetzte und einsetzt. Schon von Beginn an war man bestrebt, mittels besserer Waffen sich einen Vorteil gegenüber dem Kontrahenten zu erkämpfen, diesen zu besiegen und nach Möglichkeit dauerhaft in die Schranken zu weisen.

Die Waffenentwicklung nahm einen interessanten historischen Verlauf: Was mit groben Waffenwerkzeugen begann, entwickelte sich zu einer professionellen Industrie. So lässt sich die Geschichte fast nahtlos fortschreiben von der Keule bis zu unseren heutigen Raketen.

In der Gesellschaft nimmt das Gewehr eine besondere Rolle ein. Der Jäger und der Soldat führt es. Man sieht es in Filmen in allen möglichen Variationen. Dabei wäre das Gewehr ohne eine andere Erfindung völlig unmöglich gewesen: das Schießpulver. Und damit einher ging dann die Entwicklung der »Feuerwaffen«. Dieser Begriff dient gleichzeitig der Abgrenzung. Unter einer Feuerwaffe versteht man eine Waffe, bei der ein Geschoss mittels Abbrandes von Schießpulver und des daraus resultierenden Gasdrucks auf das Ziel geschleudert wird – vereinfacht ausgedrückt. Wer als Erster eine solche Feuerwaffe einsetzte, darüber liegen keine gesicherten Erkenntnisse vor. Es ist aber davon auszugehen, dass die Chinesen das Schießpulver erstmalig militärisch einsetzten, zumal bereits im Jahr 1040 (in einem Dokument) die Rede davon ist, dass man ein Pulver im Reich der Mitte einsetzte, welches für Pyroeffekte geeignet wäre.

Einer Legende zufolge, sollen die Europäer das Schießpulver erfunden oder zumindest wieder entdeckt haben. Ein Mönch namens Berthold Schwarz taucht in diesem Zusammenhang auf – daher auch der noch gebräuchliche Name Schwarzpulver, was aber auch von seiner Farbe herrühren könnte. Denn neben 75 Prozent Salpeter und 15 Prozent Schwefel gehören eben noch 15 Prozent Holzkohle zu dem Rezept für Schwarzpulver.

Und eben mit diesem Pulver begann man auch mit Waffen zu experimentieren. Zu Beginn war alles sehr primitiv. Ein Rohr, an einer Seite verschlossen, mit Schwarzpulver und einem Geschoss gefüllt, schon waren die ersten »Schießrohre« fertig. Mitunter war die Bedienung lebensgefährlich, wenn zur Sicherheit nur ein paar Eisenbänder die aus Holz zusammengefügten Rohre hielten. Doch der Anfang auf dem Gebiet der »Feuerwaffen« war gemacht.

Abb. rechts: Die Linienformation war über Jahrhunderte die taktische Formation. Ein Grund dafür war, dass man die Gewehre nur im Stehen nachladen konnte. Erst mit dem Aufkommen von Patronen und Hinterladern verabschiedete man sich von diesem Vorgehen – neue Taktiken entstanden.

Zeitgenössische Abbildung des Schießens mit Vorderladern. Die erste Reihe kniete ab, sodass die dahinter befindlichen Soldaten gleichzeitig schießen konnten. Es gab aber noch andere Formationen, in denen die Truppenkörper ihr Feuer abgaben.

Zunächst noch ungenau und schwer zu handhaben, nahm die Entwicklung doch rasch Tempo auf, zumal viele emsige Menschen an Verbesserungen arbeiteten.
So wichen die hölzernen Rohre mit ihren Eisenbändern bald Eisenrohren mit zugeschmiedeten Enden und einem Zündloch. Man lud das Pulver von vorne. Darauf kam das Geschoss (Stein, Eisen, Blei). In das Zündloch kam das Zündkraut (besonders feines Pulver), das man dann in Brand setzte. Schon löste sich – wenn der Schütze alles richtig gemacht hatte – der Schuss.
Und an diesem Prinzip änderte sich viele Jahrhunderte nichts, wenn auch die Technik an sich natürlich verfeinert wurde, womit ihre Zuverlässigkeit stieg.

Ausbildung zu Preußens Zeiten. Nicht nur beim Militär kamen die Gewehre zum Einsatz, sondern auch bei Polizei.

Abb. links: Das Sinnbild des »deutschen Soldaten«: Gewehr (hier Gewehr 88), Seitengewehr (M1871) und vor allem die Pickelhaube, die der Abwehr von Säbelhieben diente, aber im Ersten Weltkrieg schnell dem Stahlhelm wich.

So kamen Luntenschlösser auf, die eine glühende Lunte auf das Zündkraut fallen ließen und den Schuss auslösten, wenn der Schütze den Mechanismus in Gang setzte. Doch aufgrund der Anfällig-

Berittene Truppen der 5th Royal Irish Lancers. Vor allem für die Reiter brauhcte man kürzere Gewehre, die sich leichter handhaben ließen. So kam es zur Einführung der Karabiner, wobei es keine feste Definition zu diesem Begriff gibt.

Zwei Repetierer – ähnlich und doch anders. In diesem Buch wird man sehen, wie vielfältig dieses Thema ist und welche Nuancen die Waffen (u. a. hier die Schäfte) voneinander unterscheiden, was gerade für Sammler wichtig ist.

keit bei entsprechend feuchter Witterung erwies sich dieser Zündmechanismus als zu ungenau.
Es folgte das Radschloss. Dabei handelt sich um eine Scheibe mit einer spiralförmigen Feder. Diese Konstruktion wird mittels Schlüssel aufgezogen und arretiert. Will der Schütze nun den Schuss auslösen, betätigt er den Abzug, die Scheibe setzt sich in Bewegung und kratzt über einen Feuerstein, was wiederum zu Funken führt. Diese sollen auf das Zündkraut fallen und entsprechend das Pulver zünden und das Geschoss auf die Reise schicken. Allerdings waren Radschlösser teuer und sehr aufwändig in der Herstellung. Etwas anderes musste her.
Es folgte das Steinschloss. Dabei handelt es sich um eine reine Feuersteinzündung. Man hatte einen Hahn, in den ein Feuerstein eingespannt war. Je nach Bedarf ließ sich dieser Stein nachstellen, nachschlagen oder anders positionieren. Wenn der Schütze den Abzug betätigte, schlug der Hahn nach vorne und der Feuerstein schabte über eine Stahlplatte, wodurch Funken entstanden, die wiederum auf die Pfanne fielen und das Zündkraut in Brand setzten, worauf der Ablauf seinen gewohnten Gang ging.
Dabei ist es aber wichtig zu verstehen, dass es unterschiedliche Ausformungen des Steinschlosses gab – wie auch der anderen Arten – die sich im Laufe der Entwicklung aus verschiedenen Entwicklungen herauskristallisierten.
Einen wahren Quantensprung stellte dann die Perkussionszündung dar, die mit einem Zündhütchen arbeitete. Man packte eine Zündmasse in ein Zündhütchen, steckte es auf ein Piston (eine Art

Noch zu Beginn des 19. Jahrhunderts Stand der Technik: Der Vorderlader mit Perkussionszündung. Doch man war langsam und gab beim Laden ein gutes Ziel ab. Mitunter musste auch mit dem Bajonett in den Nahkampf gegangen werden.

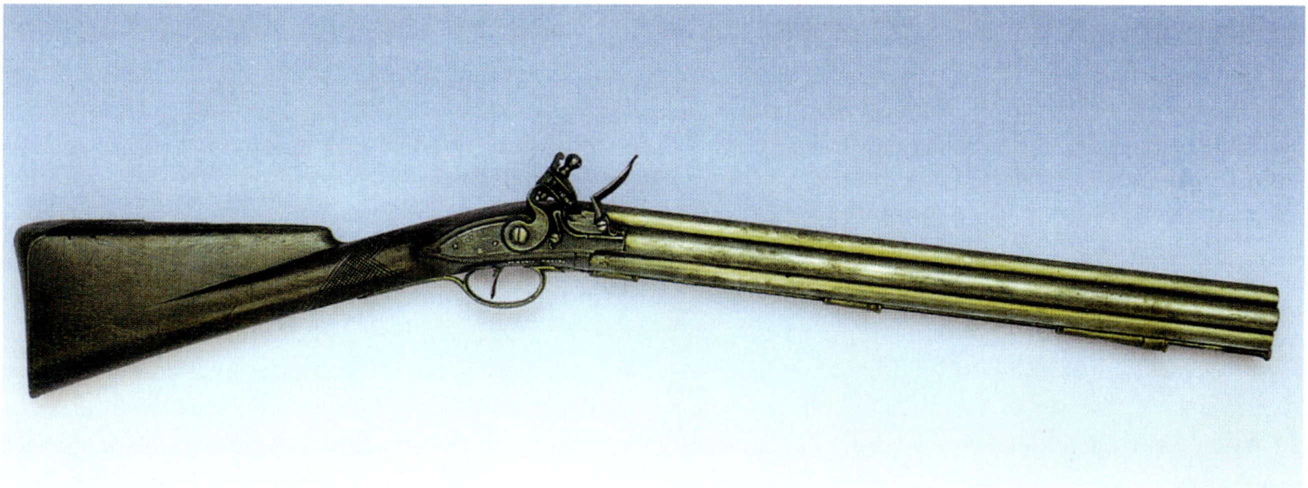

Eine sogenannte Volleygun: Mit einem Abschlag des Steinschlosses konnten sieben Kugeln auf einmal abgegeben werden. Vor allem bei Schiffsbesatzungen eingesetzt, setzte sich dieses Prinzip aber nicht durch.

»Kamin« mit Zugang zur eigentlichen Ladung) mit einem Loch zur eigentlichen Ladung und versetzte dem Zündhütchen dann einen Schlag, wodurch eine Zündflamme entstand, die wiederum das Pulver in Brand steckte und das Geschoss aus dem Lauf katapultierte – ganz vereinfacht dargestellt.

Und das Prinzip des Zündhütchens hat sich bis heute gehalten – nur in der Form, dass man diese Zündhütchen nun in den Hülsenböden der modernen Patronenmunition findet. Doch dazu später mehr.

Die Perkussionszündung setzte sich mehr und mehr durch, aber noch immer war man darauf angewiesen, die Waffe von vorne zu laden. Um aber mehr Wirkung zu erzielen, kam es bald zur Einführung von gezogenen Läufen, die das Geschoss in eine Rotation versetzten, und eben zu Entwicklungen wie dem Minié-Geschoss, das sich entsprechend in Züge und Felder der Waffen presste. Das Ergebnis war eine höhere Reichweite und eine bessere Trefferleistung.

Dennoch war man immer noch mit dem Laden von vorne beschäftigt. Das war im Kampf ungünstig, gab der Soldat doch ein großes Ziel ab, wenn er etwa sein Gewehr nachlud.

An dieses Problem ging man anderweitig heran, und zwar von der Seite der Munition. Ohne die Erfindung der Patrone sähe die Waffenwelt heute sicherlich gänzlich anders aus.

Die Patrone verband die Bestandteile Geschoss,

Deutsche Soldaten mit Sumpfschuhen, um ein Einsinken zu verhindern – gestellt für eine Propaganda-Aufnahme. Hier zeigte sich das Gewehr als Hindernis, musste aber am Mann sein.

Pulverladung, Zündung und Hülse zu einer einzigen Einheit. So war es fortan möglich, schneller zu laden und zu schießen, was immense Vorteile brachte.

Ein Beispiel dafür ist die Schlacht von Königgrätz 1866. Dort traten Preußen und Österreich gegeneinander an. Neben anderen Faktoren begünstigte auch die Verwendung von Zündnadelgewehren den preußischen Sieg über die Österreicher, die zu großen Teilen noch mit Vorderladern in die Schlacht zogen.

Am Anfang noch aus Papier, kamen bei den Patronen allmählich jene Materialien zum Einsatz, wie wir sie heute auch noch kennen, so etwa Hülsen aus Messing. Bald war man soweit, dass man mehrere Patronen in Magazinen unterbrachte, die gleich in der Waffe steckten. So konnte der Soldat schneller schießen und somit seine Effektivität und seine Effizienz steigern.

Darüber hinaus gab es verschiedene Versuche der Zündart. So gab es Patronen mit Lefaucheux-Zündung, die aber schnell aus der Mode kam. Bei dieser Art schlug der Hammer auf einen seitlich aus dem Patronenrand herausstehenden Stift. Daraus ergaben sich derart eklatante Sicherheitsprobleme, dass man davon schnell wieder Abstand nahm.

Dann gab und gibt es noch die Randfeuerzündung, wie sie heute vor allem im Bereich der Kleinkaliberwaffen zu finden ist. Dort sitzt die Zündmasse direkt im Patronenrand und wird am Rand angeschlagen – daher auch der Name – und setzt die Schussabgabe in Gang.

Aber das System, das sich bis heute bewährt hat, ist die Zentralfeuerzündung. Wie bereits erwähnt, vereinen Patronen mit diesem System alle wichtigen Komponenten in sich. Es bedarf so nur des Impulses durch den Schlagbolzen, der das Zündhütchen in der Mitte trifft – daher dieser Name – um den Zündstrahl zu erzeugen, der wiederum das Pulver in Brand setzt, das mit Druck das Geschoss aus der Hülse schießt, welches sich dann in die Züge und Felder des Laufs drückt, in Eigenrotation gerät und sich auf den Weg zum Ziel macht.

Hinzu kamen dann moderne Entwicklungen auf

dem Gebiet des Pulvers. War das Schwarzpulver lange gebräuchlich, hatte es doch auch negative Eigenschaften.

So neigt es zu starker Rauchentwicklung und auch sein Abbrandverhalten fällt unterschiedlich aus. Einen Meilenstein in der Pulverentwicklung stellt deswegen das Nitrozellulosepulver dar. Im Einzelnen soll darauf nicht eingegangen werden, aber diese Erfindung machte es möglich, das Abbrandverhalten, den entstehenden Gasdruck, die Gasentwicklung und andere Parameter genauer zu bestimmen. Dieses chemische Treibladungspulver sorgte dafür, dass man mit der entstehenden Energie des Schusses nicht nur ein Geschoss aus dem Lauf beförderte, sondern auch Funktionen der Waffen steuern konnte. Nur deswegen entstand überhaupt die Option, halbautomatische oder vollautomatische Waffen zu konstruieren.

Auf eben jenem Nitrozellulosepulver basieren die gebräuchlichen Militärpatronen, egal welchen Kalibers. Und die Entwicklung geht weiter. Es gibt und gab Versuche mit elektrischen Zündsystemen oder aber hülsenloser Munition.

Wie dem auch sei, was das Thema Langwaffen angeht, so unterscheidet man zwei große Gruppen: die Büchsen und die Flinten.

Flinten – nur um sie hier zu erwähnen – sind Gewehre mit glatten Läufen, die Schrote oder Flintenlaufgeschosse verschießen. Es entsteht weniger Druck beim Schuss und die Reichweite liegt hinter der der Büchsen zurück.

Was nun die Büchsen angeht, so subsumiert man hier eine große Reihe verschiedener Arten und Systeme. Unterhebelrepetierer, Zylinderverschlussrepetierer, Einzellader, vollautomatische Waffen und vieles mehr gehören in diese Gruppe und eben auch die »ordinären« Ordonnanz-Gewehre des Zweiten Weltkrieges.

Die Waffen in diesem Buch einen also zwei Dinge: Es sind Büchsen und es sind Repetierer. Zu den Selbstladegewehren gibt es ein separates Buch meines Kollegen Michael Heidler.

Büchsen weisen einen gezogenen Lauf auf, aus dem jeweils ein Geschoss verschossen wird. Weiterhin lassen sich die Waffen hinsichtlich ihrer Lauflänge unterscheiden. So wird in diesem Buch häufig das Wort »Gewehr« und »Karabiner« gebraucht. Dabei meint der »Karabiner« eine leichte und kurze Ausführung des Gewehrs. Eine formale Definition, etwa ab welcher Lauflänge oder welchem Gewicht man von einem Karabiner sprechen kann, gibt es aber nicht.

Alarmübung – in Windeseile galt es, die Stellung zu beziehen. Nur die wenigsten deutschen Soldaten hatten eine Maschinenpistole (meist Gruppen- und/oder Zugführer), die anderen den Karabiner.

Zudem – und das mag interessant erscheinen – werden viele der Gewehre in diesem Buch unter anderem auch noch sportlich genutzt. Man spricht hier von Ordonanzgewehren, also von Waffen, die einst beim Militär eingeführt wurden und die man heute in verschiedenen Schützenverbänden schießen kann.

Dabei muss man aber klar abtrennen: Ordonnanzwaffe ist nicht gleichzusetzen mit Dienstwaffe. Im deutschsprachigen Raum schließt der letzte Begriff nämlich auch Polizeien und andere behördliche Waffenträger mit ein.

Dies nur als kleiner Ritt durch die Entwicklungsgeschichte des Gewehrs respektive des Militärgewehrs zum besseren Verständnis. Denn mitunter fällt es doch schwer, sich in dieser Materie zurecht zu finden oder zu verstehen, warum diese oder jene Entwicklung stattfand.

Salvatore Carcano steht hinter einem Gewehr, das besser als sein Ruf ist.

terli-Gewehr M1870 und blieb bis zum Ende des Zweiten Weltkrieges in italienischen Diensten. Das »91er« wird es in Italien landläufig noch genannt, wobei seine offizielle Bezeichnung Fucile Modello 1891 lautet. Carcano trat im Jahr 1896 in den Ruhestand und starb im Jahr 1903 in Turin.

In Reih und Glied, hier ohne Waffen: Zur Ausbildung gehörte eben mehr als nur schießen.

Selbst wenn nur ein Gewehr mit ihm in Verbindung gebracht wird, so schuf James Paris Lee doch eine ganze Reihe von Waffen, wobei natürlich das Lee-Enfield bei weitem heraussticht. Im Jahr 1831 in Harwick, Schottland, geboren, emigrierte seine Familie im Jahr 1836 nach Kanada. Schon früh interessierte er sich für Waffen und baute seine erste im zarten Alter von zwölf Jahren. Nach der Heirat mit seiner Frau Caroline übersiedelten die Lees nach Wisconsin in die USA. Dort kamen auch seine zwei Söhne auf die Welt. Während des Amerikanischen Bürgerkrieges erhielt Lee einen Auftrag der US Army und auch in den folgenden Jahren trat er mit Waffenkonstruktionen hervor. Am bekanntesten wurde er aber eben durch die Magazine und die Systeme, die in den Lee-Metford und Lee-Enfield-Gewehren zum Einsatz kamen. Der Vorgänger des Lee-Enfield-Gewehres war ein von James Paris Lee 1879 patentiertes Repetiergewehr, dessen Zylinderverschluss, Abzugmechanismus und Kastenmagazin im Konzept bereits den später von den Engländern eingesetzten Waffen entsprachen. Der Erfinder starb im Jahr 1904.

Mauser – ein Name, der im Bereich der Waffen Legendenstatus besitzt. Heute vor allem im Segment der jagdlichen Gewehre daheim, stand der Name lange Zeit für Militärwaffen erster Güte. Der ganz große Durchbruch gelang dann am 4. April 1898. An diesem Tag genehmigte Kaiser Wilhelm II. per Allerhöchster Kabinettsorder das »Muster des verbesserte Gewehres 88/97« als Gewehr 98. Bis dahin war es für die Familie Mauser aber ein langer Weg. Im 1812 entstand in Oberndorf am Neckar eine Gewehrfabrik. Als erster Abkömmling arbeitete Franz Andreas Mauser dort, der Vater der berühmten Mauser-Brüder. Insgesamt fünf Söhne hatte Franz Andreas Mauser mit seiner Frau Maria Agahte. Josef Wendelin arbeitete in der Gewehrfabrik und als Eisenwarenhändler. Heinrich war Büchsenmacher, dann

Peter Paul Mauser gilt als der Vater des weltbekannten Mausersystems.

Wilhelm Mausers Anteil an den Erfindungen liefert bis heute Zündstoff für Debatten.

Paul Mauser posiert mit einem Modell 06/08. Es dauerte Jahrzehnte, ehe der 98er das Licht der Waffenwelt erblickte.

Visitiergehilfe bei der Gewehrrevision und ab 1874 in der Fabrik der Brüder beschäftigt. Franz Mauser wanderte in die USA aus und arbeitete unter anderem bei Remington. Wilhelm oblag in der Anfangszeit der geschäftliche Teil der Mauser-Fabrik. Bis heute herrscht innerhalb der Fachwelt aber Streit darüber, welche Rolle Wilhelm Mauser bei den Entwicklungen der Firma hatte und inwieweit er auch kreativ an den Entwürfen beteiligt war. Peter Paul Mauser (1838 bis 1914) war das letzte Kind und trat mit 14 Jahren als Lehrling in die Fabrik ein. Dort arbeitete er sich nach oben und war bald für die technischen Belange zuständig. Er ist der Vater des 98er-Systems und dessen Vorgängerversionen. Er war ein wahrer Tüftler. In jahrzehntelanger Klein- und Kleinstarbeit feilte er an den Entwürfen. Die Konstruktionen verkauften sich zunächst im Ausland besser als in Deutschland, doch Waffen wie die Pistole Mauser C96 – von der es viele Weiterentwicklungen und Abwandlungen gab – und natürlich das System 98 sorgten dafür, dass der Name Mauser bis heute noch untrennbar mit erfolgreichsten Waffen-Verschlusssystem verbunden bleibt.

Soldatengräber im winterlichen Kleid. Man sollte nie vergessen, wozu Kriegswaffen da sind und was ihre Aufgabe ist.

Sehen und verstehen

Technik und Funktion eines Gewehrs

Nach der Geschichte beziehungsweise der Entwicklung des Gewehrs im vorherigen Kapitel soll es nun um die Technik und Funktion der Karabiner und Gewehre gehen, die im Zweiten Weltkrieg zum Einsatz kamen.

Dabei mögen sich die jeweiligen Waffen vom Aussehen her unterscheiden, doch fußen sie alle auf den gleichen Prinzipien und den Grundbauteilen, die für eine (Armee-)Waffe unerlässlich sind.

So bestehen alle Büchsen aus verschiedenen Baugruppen, die man als die Hauptbaugruppen bezeichnet. Es kann mitunter sein, dass nicht alle Baugruppen bei allen Systemen gleich vorkommen, aber prinzipiell unterscheidet man in: den Systemkasten (oder auch Basküle), den Verschluss (oder Zylinder), den Lauf, den Schaft, das Abzugssystem und das Magazin. Hinzu kommt dann noch das Visier.

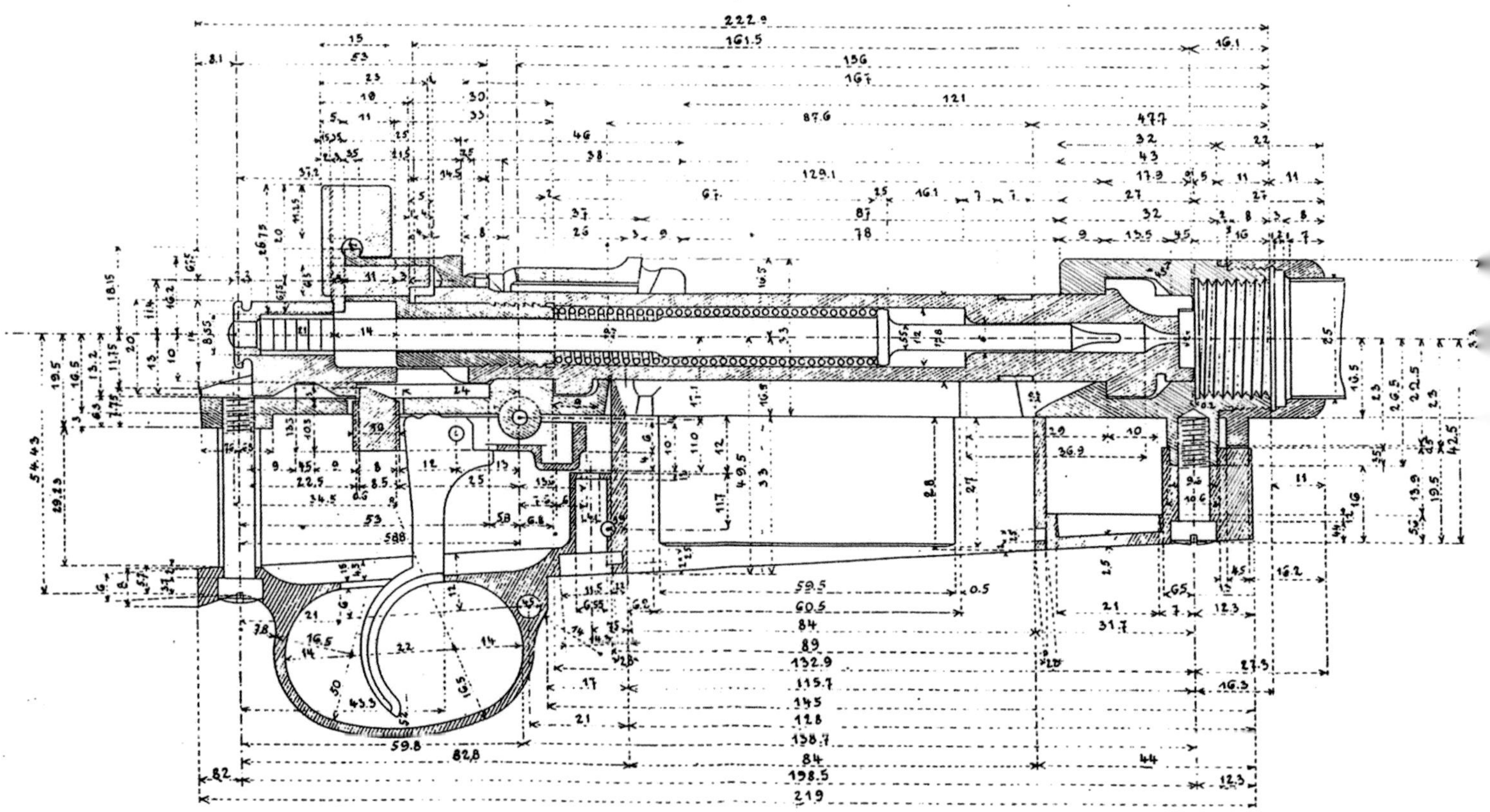

Komplizierter Aufbau. Solche Schnittzeichnungen verdeutlichen das Prinzip hinter dem Repetierer. Maßhaltigkeit spielt eine große Rolle, auch für die Sicherheit des Nutzers.

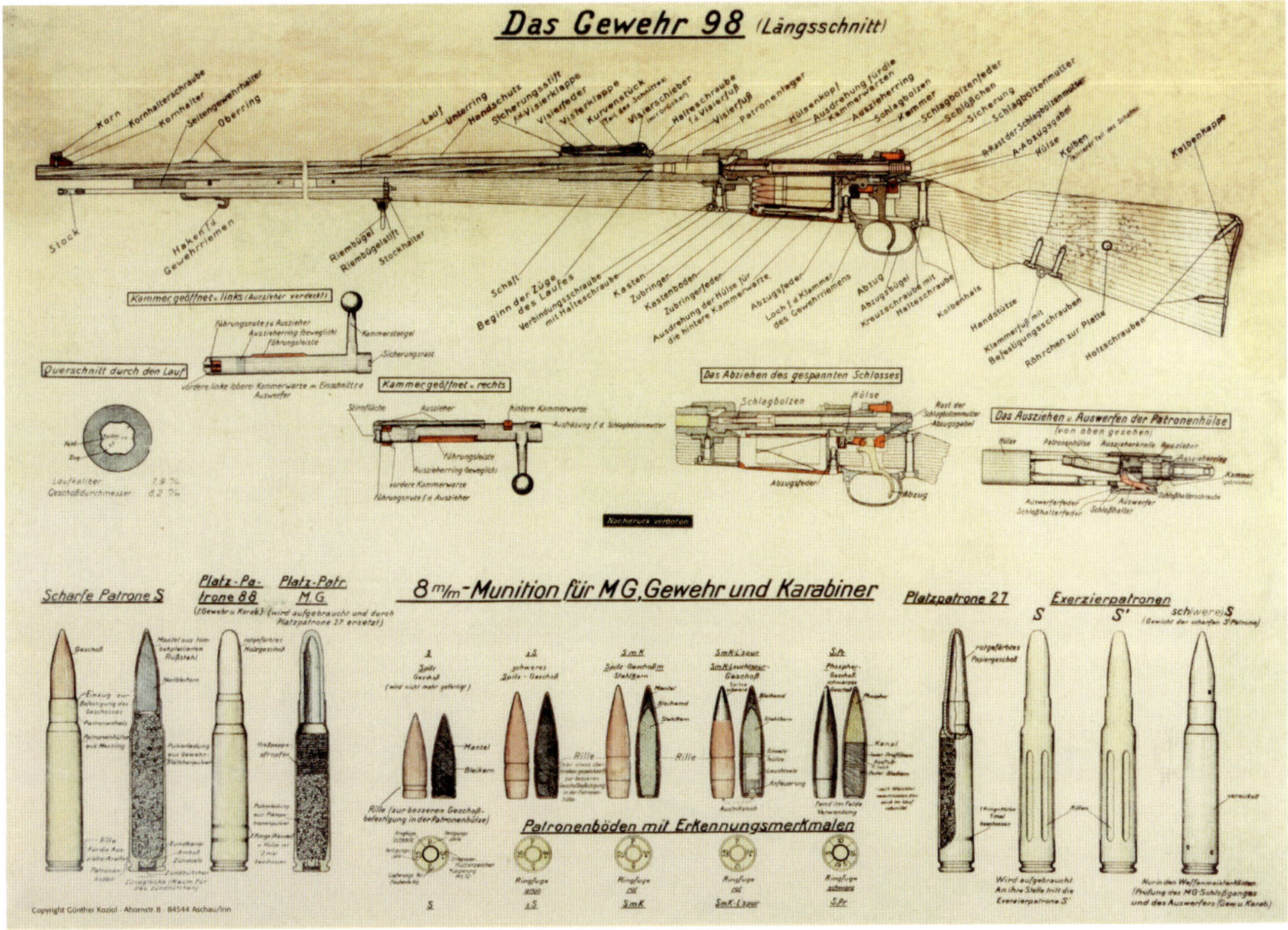

Übersicht über das Gewehr 98 mit dazugehöriger Munition. Solche Schautafeln dienten für den Unterricht der Soldaten, um ihnen theoretisch die Grundlagen der Waffe zu vermitteln.

Die folgenden Beschreibungen stellen eine grob vereinfachte Übersicht dar. Zu den einzelnen Schritten und Bauteilen gibt es ganze Abhandlungen. Vielmehr soll es darum gehen, die grundsätzlichen Prinzipien darzustellen.

Der Systemkasten bildet das Herz der Waffe. Hier befinden sich die elementaren Bauteile und hier wird auch das Geschoss auf seine Reise durch den Lauf geschickt. In der Regel bildet der Systemkasten das Mittelteil des Gewehrs. Zwar gibt es auch hier wieder Ausnahmen, doch für die Waffen in diesem Buch und der zeitlichen Epoche trifft es eben zu.
Vor dem Kasten sitzen der Lauf und der Vorderschaft und hinten dran eben der Hinterschaft. Das System ruht samt Lauf im Schaft, der als Bettung dient.

Der Verschluss beziehungsweise der Verschlusszylinder bewegt die Patrone aus dem Magazin in das Patronenlager, das sich am Lauf befindet. Gleichzeitig wird beim Repetieren das ganze System verriegelt – dazu dienen die sogenannten Verschlusswarzen, die in Aussparungen im Systemkasten greifen und so im Moment der Schussabgabe den immensen Druck nach vorne schieben und damit das Geschoss durch den Lauf treiben. Und das Verschlussstück ist noch für weit mehr zuständig. In ihm befinden sich auch der Schlagbolzen und die Schlagbolzenfeder. Wird der Verschluss geöffnet – wie beim 98er-System – wird das ganze System gespannt. Betätigt der Schütze dann den Abzug, schnellt die Feder samt dem Schlagbolzen nach vorne. Letzterer trifft auf das Zündhütchen und setzt den Schuss in Gang.
Nach der erfolgten Schussabgabe packt der Soldat wieder den Kammerstängel, repetiert, wodurch das

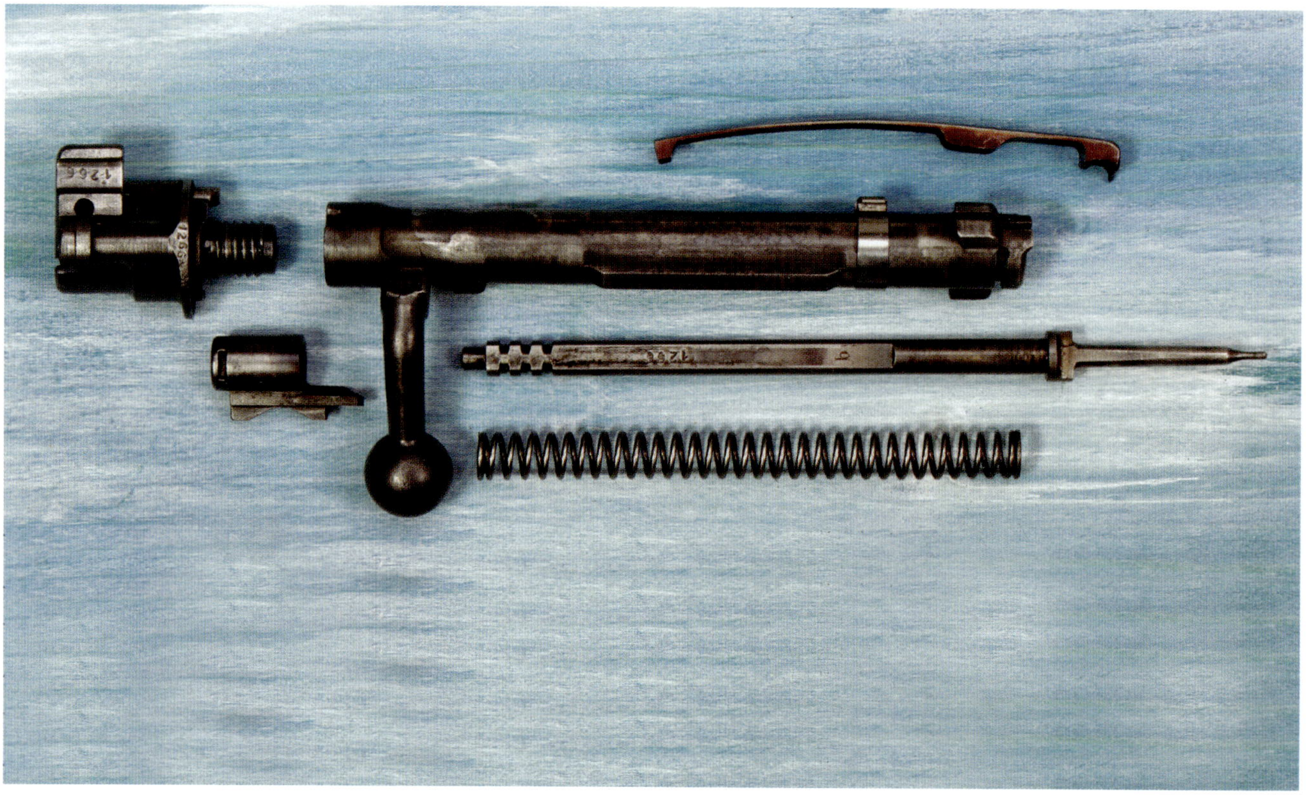

Die Baugruppe »Verschluss« in ihre Einzelteile zerlegt. Man sieht, wie filigran dieses Bauteil der des 98ers ausfällt.

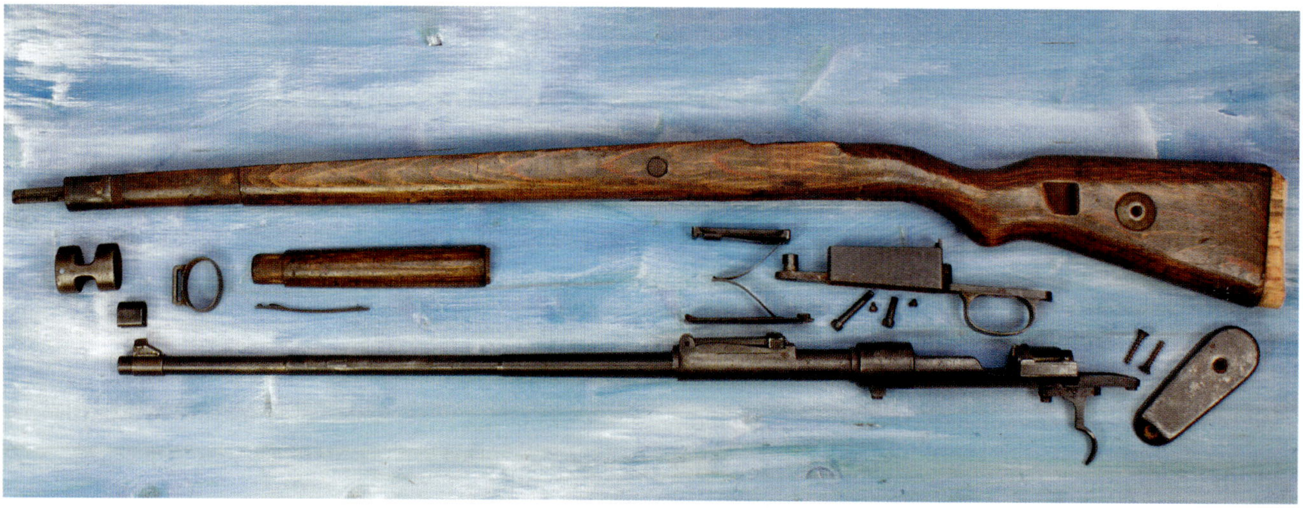

Auf diesem Bild sieht man die Baugruppen Schaft beziehungsweise Lauf des 98ers – alleine hier hat man 17 verschiedene Positionen. So einfach, wie vielfach gedacht, war eine solche Waffe also keineswegs.

System wieder entriegelt wird. Die Bewegung nach hinten spannt das System wieder und der Auszieher befördert die leere Hülse nach draußen und schiebt eine neue Patrone ins Patronenlager. Und wieder kann geschossen werden.

Was nun den Lauf angeht, so handelt es sich dabei – vereinfacht formuliert – um ein Stahlrohr mit einem spiralförmigen Muster. Dieses besteht aus Erhebungen und Vertiefungen den sogenannten Zügen und Feldern (ein anderes Profil ist der Polygonlauf, der eben ein polygonales Muster aufweist). In diese presst sich das Geschoss bei der Schussabgabe und wird durch die Form des Laufs in eine Eigenrotation um die eigene Achse versetzt. Dadurch erhält das Geschoss eine stabile Flugbahn, das Tru-

deln wird vermieden und die Reichweite steigt. Beim Lauf ist aber ebenso die Dralllänge wichtig, also jene Strecke, die das Geschoss benötigt, um sich im Lauf einmal um die eigene Achse zu drehen. Wenn etwa eine Drallänge von 24 Zentimetern angegeben wird, so legt das Geschoss im Lauf 24 Zentimeter zurück, um sich um 360 Grad um sich selbst zu drehen.
Das Patronenlager liegt hinten am Lauf und nimmt, wie der Name schon sagt, die Patrone auf, die der Verschluss nach vorne schiebt. Dieser Teil der Waffe fällt sehr massiv aus, da im Moment des Schusses hier der größte Druck herrscht. Wäre diese Stelle zu schwach ausgeführt, könnte es zu einer Sprengung der Waffe kommen. Eine durchschnittliche Gewehrpatrone verursacht etwa einen Druck von rund 4000 Bar. Andere sogar noch mehr, was erklärt, warum das Lager so wuchtig ausgeführt wird.

Was den Schaft angeht, so dominiert in diesem Buch ein Werkstoff: Holz. Zur Zeit des Zweiten Weltkrieges war man noch weit davon entfernt, Polymerstoffe zu verwenden, geschweige denn in der Lage, synthetische Stoffe für Schäfte für eine Massenbewaffnung im Bereich der Langwaffen zu verwenden.
Heutige Jagdwaffen etwa gibt es mit Kunststoffschaft oder eben Holzschaft, der noch dazu verschiedene Ausführungen hat – deutsche Backe, mit oder ohne Schweinsrücken und weiteres mehr.
Damals waren die Waffen mit Holz geschäftet. Ein Rohstoff, der zwar in der Regel überall verfügbar war, aber auch erst einmal bearbeitet werden musste. So kam es im Laufe des Krieges auch zur Verwendung von qualitativ weniger gutem Holz – ein Unterscheidungsmerkmal, das vor allem von Sammlern beachtet wird.

Das Abzugssystem setzt den Prozess in Gang, den man als »Schuss« bezeichnet. Es gibt viele unterschiedliche Abzugssysteme, wie den Direktabzug (oder Flintenabzug), bei dem der Schuss direkt ausgelöst wird, ohne einen Vorweg zu überwinden oder einen Druckpunkt zu haben. Letzterer hat einen kleinen Vorweg, bis man auf einen Widerstand trifft, den es zu überwinden gilt. Weiter gibt es noch das System des Rückstechers. Dabei drückt

Eine Schiebevisierung mit unterschiedlichen Meterangaben, die vom Schützen selbst ...

... eingestellt werden muss. Eine andere Einrichtung für Karabiner/Gewehre der Zeit war das Klappvisier.

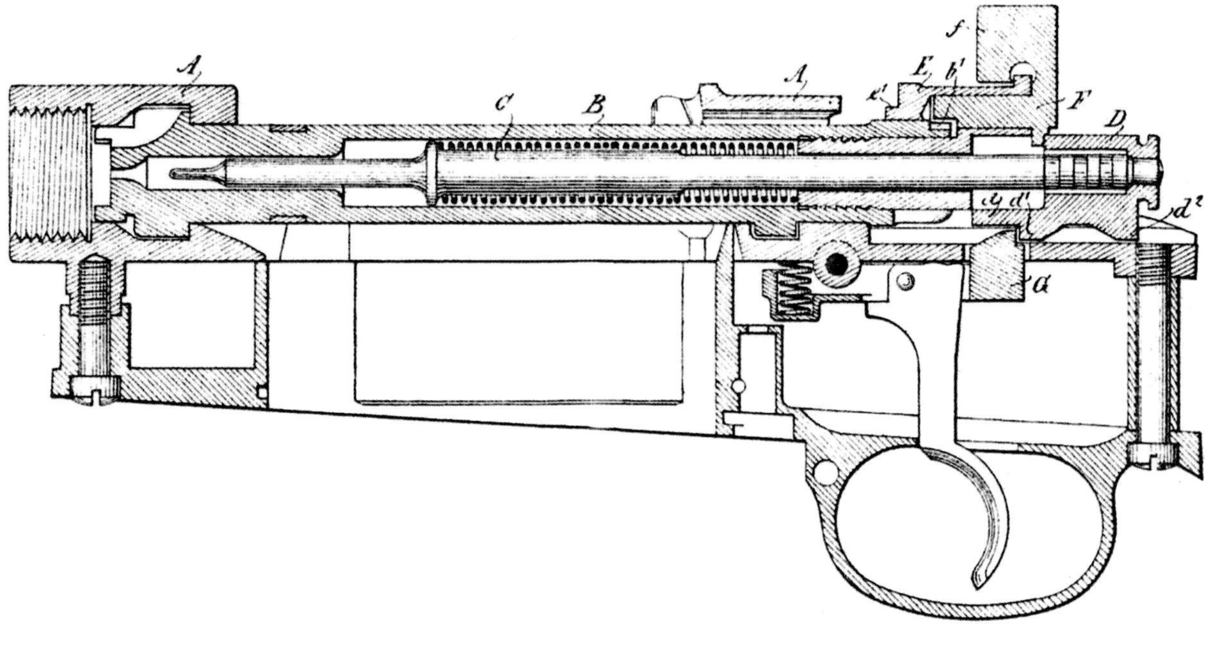

Der Verschluss des Gewehr 98 aus dem US-Patent No. 590271 von Mauser aus dem Jahr 1897. Der Schlagbolzenteller besitzt hier noch keine Einführungsschrägen zur zusätzlichen Sicherung bei nicht vollständig geschlossenem Verschluss beziehungsweise bei Schlagbolzenbruch.

der Schütze das Abzugszüngel nach vorne, was wiederum den Abzugswiderstand verringert. Es gibt noch weitere Abzugssysteme (etwa Doppelzüngel- oder Match-Abzug), die aber für die in diesem Buch vorgestellten Waffen irrelevant sind. Auch bei den Abzügen geht es im militärischen Segment und erst recht bei den Waffen aus dem Zweiten Weltkrieg nur darum, es einfach zu halten, ohne zu viele Teile und Technik.

Wenig beachtet, aber umso wichtiger: das Magazin. Bei den in diesem Buch vorkommenden Gewehren finden sich unterschiedliche Formen von Magazinen. Bei einigen Modellen führt der Schütze die Patronen von oben mittels Ladestreifen oder einzeln zu. Und hier gibt es dann noch Waffen, die über eine Art Federmechanismus verfügen. Löst der Schütze diesen Mechanismus aus, klappt der Maganzinboden nach unten weg und wirft die noch nicht im Patronenlager befindlichen Patronen aus. Andere Modelle verfügen über herausnehmbare Magazine, die separat aufmunitioniert und entsprechend schnell zum Einsatz gebracht werden können. Jedenfalls findet mehr als nur eine Patrone ihren Platz in den vorgestellten Waffen.
Die neuen Patronen werden mittels Repetiervorgang aus dem Magazin in das Patronenlager befördert, nachdem die leere Hülse aus dem System mittels des Ausziehers herauskatapultiert wurde.

Bei den Visieren der Waffen setzte man auch auf einfache Technik. Schiebevisiere waren vielfach Stand der Dinge bei den Waffen in diesem Buch. Dabei handelt es sich um eine Spielart der sogenannten offenen Visierung, bestehend aus Kimme und Korn. Das Korn sitzt vorne, die Kimme hinten und bildet mit dem Schützenauge eine Linie, um das Ziel anzuvisieren. Bei der Schiebevisierung sitzt das Kimmenblatt auf einer Kimmenbodenplatte, die wiederum verstellbar ist. Mittels eines

Waffendrill bei der Wehrmacht. Der richtige Umgang mit dem Karabiner muss geübt werden.

Ein Ausbilder schaut genau hin, wie die Soldaten die Griffe an dem Gewehr ausfürhen.

Ausbildungspersonal beim Truppenbesuch.

Schiebers kann die entsprechende Schussentfernung eingestellt werden. Ansonsten finden sich bei manchen Waffen noch sogenannte Express-Visiere. Darunter versteht man verschiedene hochklappbare Kimmenblätter, die jeweils für eine andere Entfernung dienen. Diopter-Visiere mit einer klappbaren Lochkimme finden sich ebenfalls noch. Dabei wird durch ein kleines Loch geschaut und über das Korn das Ziel anvisiert. Bei moderneren Waffen wie etwa dem G3 fand man eine solche Vorrichtung noch, wobei man es hier mit einem »Trommelvisier« zu tun hat.

Wie man unschwer erkennt, steckt einiges an Technik in einem Gewehr. Und daran hat sich bis heute nichts geändert. Die Prinzipien bei den Büchsen sind vom Grundsatz her gleich geblieben, auch wenn man militärisch ganz klar auf die vollautomatischen Gewehre als Breitenbewaffnung für die Truppe setzt.
Aber selbst spezialisierte Einheiten – wie etwa Scharfschützen – nutzen Repetiergewehre, die zwar aus modernsten Materialien bestehen, aber dennoch den gleichen Grundlagen folgen, wie die Waffen aus dem Zweiten Weltkrieg.

Eine Sache sollte aber noch angesprochen werden. Denn beim militärischen Einsatz, egal welcher Waffe oder Waffentyps, gibt es einen Faktor, der immer wieder in die Überlegungen mit einbezogen werde muss und schon immer wurde: der Mensch.
Ein beständiges Üben – der sogenannte Waffendrill – muss zur Ausbildung gehören, damit der Soldat sein Arbeitsgerät auch bedienen kann. Das bringt es mit sich, dass man auch die Waffe auseinander nehmen, reinigen und wieder zusammensetzen muss, damit es in Fleisch und Blut übergeht. Mancher Leser wird sich vielleicht noch an seine eigene Dienstzeit erinnern.
Damit einher geht aber noch etwas anderes, nämlich die Konstruktion an sich. Diese muss einfach sein, damit sie querschnittlich von allen Soldaten beherrscht werden kann. Wenige Teile, simple Konstruktion, einfaches Zusammenbauen und verfügbare Teile im industriellen Maßstab gehörten schon zu Zeiten des Zweiten Weltkrieges zu den Anforderungen an die Standardwaffen für die Armeen. Und daran hat sich bis heute nichts geändert. Denn so gut oder simpel eine Waffe auch sein mag: Der entscheidende Faktor ist immer der Mensch.

Formaldienst beim Barras.

Angetretene Kompanie mit Waffen im Karreé bei der Befehlsausgabe.

Die lebende Waffenlegende

Das deutsche Gewehr 98

Es gilt als »das deutsche Gewehr«, wurde millionenfach produziert, weltweit nachgebaut und ist bis heute bekannt. Es ist bei den Ordonnanzschützen beliebt, bei Sammlern gesucht und hat bereits zwei Weltkriege auf dem Buckel: das Gewehr 98.
Vor allem eine Abwandlung davon, der Karabiner 98 in der kurzen Version, gehört zu den bekanntesten Varianten des Gewehrs 98, jener Waffe, die mitverantwortlich für den Ruhm der Rüstungsschmiede Mauser ist. Eines muss aber gesagt werden: Die korrekte Abkürzung für diese kurze Version, die in der Wehrmacht zum Einsatz kam, lautet Kar98k. Vielfach liest man in der Literatur die Abkürzung K98k, was zwar allgemein verständlich scheint und von vielen Lesern auch verstanden wird, obwohl sich die Bezeichnung K98k auf ein polnisches Gewehr bezieht, aber das nur am Rande.
Wohl kaum jemand konnte absehen, welche weitreichenden Folgen die Einführung des Gewehrs 98 hatte. Es geschieht nur selten in der Waffenge-

Mit festem Schritt und Tritt. Deutsche Soldaten ohne Rangabzeichen – womöglich von einer Strafeinheit – mit verschiedenen Gewehren auf dem Marsch.

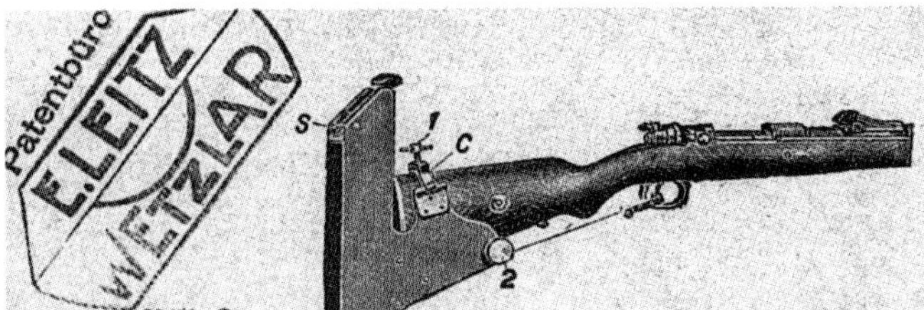

Bild 2.

Bild 1.

Bild 3.

Leitz Spiegelkolben

Armeemodell 15.

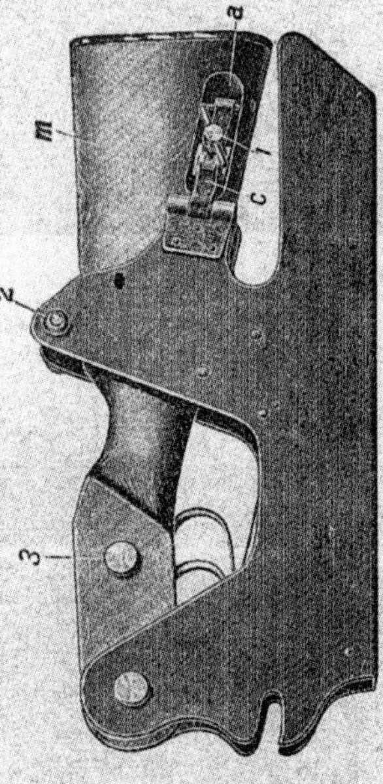

Gebrauchs-Anweisung.

Auseinanderklappen des Apparates.

1) Knebelschraube Nr. 1 ganz zurückschrauben und Spannschere C aus der Vertiefung a herausklappen. Bild 1.
2) Schraube Nr. 2 ganz herausschrauben, Kolben vollständig bis zum Anschlag der Schraube 3 herausklappen und Schraube 2 wieder an die alte Stelle leicht einschrauben. Bild 2.
3) Kolben m des Apparates mit Schraube 3 festlegen. Spiegelschutz d abnehmen und unter die Außenfeder f stecken. Bild 2.

Befestigen am Gewehr.

4) Gewehrkolben so einsetzen, daß er mit dem unteren Teil auf der Schraube Nr. 2 und auf dem Stift e 1 aufliegt und mit der Kappe am Stift e 2 ansteht. Dann Spannschere C überschlagen, einhängen und durch Festziehen der Knebelschraube 1, Gewehrkolben befestigen. Gleichzeitig ist beim Anziehen der Knebelschraube 1 durch die Spiegel zu sehen und darauf zu achten, daß die Visierlinie in der Mitte des oberen Spiegels liegt. Durch leichtes Drücken des Gewehrkolbens nach der Seite oder nach oben läßt sich dies bequem ermöglichen. Bild 3.
5) Schrauben 2, 3 und 4 endgültig festziehen. Bild 2.
6) Abzugsklemme h an den Abzug i am Gewehr aufstecken und richtige Länge der Abzugsschnur vermittelst der Rändelschraube k einstellen. Bild 4.

Abnehmen vom Gewehr.

7) Das Abnehmen und Wiederzusammenklappen des Spiegelkolbens erfolgt in umgekehrter Weise wie das Auseinandernehmen und Befestigen. Zuerst wird Schraube 1 gelöst, dann Spannschere c zurückgeklappt, Gewehr abgenommen, dann Schraube 2 und zuletzt Schraube 3 gelöst. Nach dem Zusammenklappen wird die Schraube 2 wieder an ihre alte Stelle eingeschraubt und die Spannschere C in die seitliche Aussparung des Kolbens gelegt, in den Stift eingehakt und durch Festziehen der Schraube 1 gesichert.

Beim Zusammenklappen ist ferner streng darauf zu achten, daß sich die Abzugsschnur nicht zwischen Blech und Holzkolben klemmt, da sie sonst sofort zerreißt.

Ersatzteile.

8) Am unteren Teil des Kolbens befindet sich eine durch einen Schieber verschließbare Aussparung zur Aufnahme zweier Reservespiegel und einer Reserveabzugsschnur. Bild 2.
9) Soll oben ein neuer Spiegel eingesetzt werden, so ist Schraube 5 zu lösen und Blechriegel nach unten zu schieben; dann Spiegel einsetzen, Blechriegel wieder nach oben schieben und durch Schraube 5 festmachen. Wird letzteres unterlassen, springt der Spiegel bei jedem Schuß aus der Fassung. Bild 3.

Sollte die Visierlinie bei Einstellung auf 400 m nicht in der Mitte des Spiegels liegen, so kann die Einstellung nach der Höhe, nach Lösung der Sicherungsmutter, durch die Einstellschraube s und nach der Seite durch entsprechendes Unterlegen links oder rechts erfolgen.

Die Feststellung der Richtung, nach welcher bewegt werden muß, geschieht am besten dadurch, daß man den Spiegelkolben mit eingespanntem Gewehr wie zum Schießen in Anschlag bringt, dann mit der linken Hand den oberen Spiegel durch die Aussparung anfaßt und durch Bewegen des Spiegels Korn und Visier in die Mitte des Spiegels zu bringen versucht.

Die endgültige Festlegung der Spiegel nach erfolgter Einstellung in der Höhe geschieht dann durch Festschrauben der Sicherungsmutter.

Bild 4.

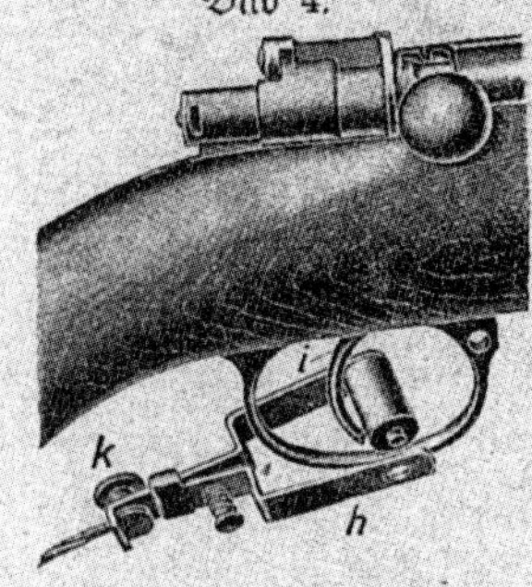

Achtung.

Alle Entfernungen sind grundsätzlich mit Visier 400 zu schießen. Da jedoch das Gewehr mit eingespanntem Apparat höher schießt, ist es notwendig, tiefer zu halten und zwar:

1) bei 100–150 m	1 Handbreit	unter dem sonst gewählten Haltepunkt des Gewehrs.
2) bei 300 m	2 Handbreit	
3) bei 400 m	3 Handbreit	

Bei größeren Entfernungen über 400 m verringert sich der Hochschuß, sodaß bei 700 m derselbe ganz fortfällt und das Gewehr mit Apparat Fleck schießt.

Spiegelkolben als Periskop.

»Teleskop-Gewehr« für den Schützengraben des Ersten Weltkrieges: Damit sollte gefahrloses aber genaues Schießen möglich sein.

Klamauk gehörte zum Landserleben dazu.

schichte, dass es derart bahnbrechende Erfindungen gibt, die so lange überdauern. Die AK 47, allgemein als Kalaschnikow bekannt, wäre so ein Beispiel. Nach dem Zweiten Weltkrieg eingeführt und immer wieder verbessert, änderte sich an der Grundkonstruktion im Grunde nichts. Ähnlich sieht es beim Gewehr 98 aus, wobei hier eher der Verschluss das entscheidende Detail darstellt. Das System 98 des Mauser-Gewehrs ist bis heute das am meisten produzierte Verschlusssystem der Welt. Was nun die Ursprünge angeht, so hat der Zweite Weltkrieg seine Spuren hinterlassen. Militärakten, Firmenarchive und anderes mehr ging auf unterschiedliche Weise verloren. Allerdings lässt sich sagen, dass die Konstruktion von Mauser natürlich nicht einfach vom Himmel fiel, sondern eher den Endpunkt einer langen Entwicklung darstellt mit vielen Zwischenmodellen und Zwischenschritten. Und eben genau deswegen soll jetzt ein kurzer Überblick erfolgen, der etwas Licht in die Entwicklung der Waffenlegende bringt. Diese Zusammenstellung stellt allerdings nicht die komplette Fertigung bei Mauser dar, sondern nur jene Modelle, bei denen sich ein konstruktiver Zusammenhang mit dem späteren 98er nachweisen lässt.

Außerdem lässt sich sagen, dass nicht alles nur auf den Erfindungen von Mauser basierte, sondern auch andere Stellen Einfluss nahmen. So forderten die Militärs, die immer wieder Waffen bestellten, in dem einen oder anderen Punkt Veränderungen ein. Alles in allem war der 98er das Endprodukt einer etwa 30-jährigen Arbeit an Modellen, die man kontinuierlich weiter verbesserte.

Egal bei welcher Tätigkeit ... der Karabiner 98k gehört wohl zu den meistfotografierten Waffen des Zweiten Weltkrieges.

Das Mauser-Norris-Gewehr oder Mauser C/67 entstand im Jahr 1867. Die Basis bildete das Dreyse-Zündnadelgewehr. Es war Mausers erster Hinterlader. Man bot es verschiedenen europäischen Staaten an, doch niemand wollte es haben. Aber es bildete die Grundlage für den nächsten Evolutionsschritt.

Das Mauser-Modell 1871 war eine der wichtigsten Stufen. Dabei handelt es sich um eine einschüssige Waffe. Sie hatte einen Zylinderverschluss mit Flügelsicherung und Leitschiene. Es war zudem das erste deutsche Gewehr, das reichseinheitlich für die Verwendung von Zentralfeuerpatronen aus Metall ausgelegt war.

Eine weitere Stufe war das Mauser-Modell 71/84. Dabei handelt es sich um einen Mehrlader. Einzellader waren nicht mehr auf der Höhe der Zeit, weswegen dieses Gewehr ein Röhrenmagazin für acht Patronen erhielt.

Auf Basis des Modells 71/84 entstand für das Osmanische Reich das Militärgewehr 1887. Es hatte ebenfalls ein Röhrenmagazin und war Mausers erste Konstruktion mit Verriegelungswarzen und Verschluss im Kopf der Schlosshülse. Es war ausgelegt für die Verwendung von Schwarzpulverpatronen, die aber schon wenig später zum alten Eisen zählen sollten.

Denn in Frankreich gab es neue Patronen, die mit rauchschwachem Pulver arbeiteten. Dies war der Startschuss für die Entwicklung des Mauser-Modells 88, das man auch unter der Bezeichnung Kommissionsgewehr kennt. Es konnte sich aber nicht durchsetzen, zumal Mauser weder an der Konstruktion des Gewehrs, noch an der Patrone mitwirkte, aber ein Versuchsmuster baute, womit das erste Mauser-Gewehr im Kaliber 8x57 das Licht der Waffenwelt erblickte.

Basierend darauf entstand das Mauser-Modell 1889. Es war Mausers erstes Gewehr, das speziell für die neuen Patronen mit Nitropulver ausgelegt war und zudem auch noch das erste Modell mit einem Kastenmagazin. Mauser entwickelte es für Belgien (und schuf auch gleich noch das Kaliber 7,65x53 mm Belgisch samt der dazugehörigen Nitro-Patrone).

Mit dem Osmanischen Reich bestand seit dem Modell 71/84 eine Vereinbarung, dass man immer das modernste Gewehr an die Hohe Pforte liefern sollte. Als nun das Modell 1889 erschien, trat diese Klausel in Kraft. So entstand auf Grundlage des M1889 das Modell 1890, das in weiten Teilen dem M1889 entspricht, wobei jedoch der störanfällige Laufmantel entfiel. Erstmals fand sich hier bei einem Militärgewehr oben am Lauf ein Handschutz aus Holz.

Das Mauser-Modell 1893 war schließlich ein modifiziertes Modell 1890, das man

Kavalleristen bevorzugen kurze Gewehre.

Stellung hinter dem Schneewall.

Übungsschießen vom Tisch aus.

Ikone des Kolonialismus: Gemälde von Carl Röchling (»The Germans to the Front«), das den deutschen Einsatz während des Boxeraufstands in China im Jahr 1900 zeigt – dort kam das Gewehr 98 erstmals zum Kampfeinsatz.

den Spaniern präsentierte. Es hatte ein paar Änderungen, zum Beispiel ein zweireihiges Magazin, in dem die Patronen platzsparend angeordnet waren, wodurch die Kapazität erhöht werden konnte. Ein breiter, federnder und außen am Schlosszylinder liegender Auszieher sorgte für eine sichere Führung der Patrone. Die Halterung der Schlagbolzenmutter entsprach schon der beim späteren Modell 98.

Und dann war es schließlich soweit. Der 98er nahm Gestalt an. Mitte der 1890er Jahre erfolgten die ersten offiziellen Tests des neuen Gewehrs. Im Jahr 1895 ließ sich Mauser das verbesserte Schloss schließlich patentierten. Am Zylinderverschluss gab es jetzt eine dritte Verriegelungswarze unter der Hülsenbrücke als Sicherheitsreserve. Bei Zündhütchendurchschlägern oder gerissenen Hülsen schützen Gasabzugsöffnungen, ein Gasschild und das Daumenloch am Rahmen; es konnte die Gase aus der Führungsnut ableiten.

Schließlich gelang, nach dem langen beschriebenen Weg, der Durchbruch für die Mauser-Konstruktion: Am 4. April 1898 mit der »allerhöchsten Kabinettsorder« von Kaiser Wilhelm II. wurde die Produktion »des verbesserten Gewehres 88/97« genehmigt – eben des Gewehrs 98. Allerdings lief die Produktion nur gemächlich an, da es noch ein Problem mit dem Kaliber gab und das Geld knapp war. Erste Gewehre gingen an die Marine oder Eliteeinheiten wie das Garde-Jägerbataillon. Und auch in China – beim sogenannten Boxer-Aufstand im Jahr 1900 – war das G98 schon zu finden. Dort bei eben jenen Truppen unter ihrem Oberbefehlshaber Graf

Überall dabei – wie hier auf dem Karren – das Gewehr.

Alfred Waldersee, der gemäß einer Rede Wilhelms II. dafür sorgen sollte, dass »es niemals wieder ein Chinese wagt, einen Deutschen scheel anzusehen.« Schließlich kam im Jahr 1903 Bewegung in die ganze Angelegenheit, als man die neue Waffe auf die Patrone 8x57 IS einrichtete. Das »S« steht als Kürzel allerdings nicht, wie vielfach angenommen, für »stark«, sondern für »spitz«. Erst in späteren Jahren (und auch im jagdlichen Bereich) bürgerte sich die zusätzliche Bezeichnung »stark« ein. Die Waffe zeigte sich stabil, zuverlässig und einfach zu bedienen. Und mit dem neuen Kaliber auch sehr vielseitig und wirkungsvoll.
So war es auch das System, mit dem die Kaiserliche Armee in den Ersten Weltkrieg zog. Allerdings herrschte beim Millionenheer des Kaisers ein Man-

Paradierende Wehrmachtsoldaten.

Bayerische Landsturmleute von 1915 mit Gewehren des Modells 88, das noch im Ersten Weltkrieg anzutreffen war.

gel an den modernen Gewehren. Und das sollte sich bis 1916 nicht ändern. Im Bewegungskrieg des Jahres 1914 gingen viele verloren und auch im zermürbenden Stellungskrieg gingen viele der Repetierer verlustig, die man auf die Schnelle nicht ersetzen konnte. So verwundert es kaum, dass man immer noch das Gewehr 88 bei den Kaiserlichen Truppen fand, obwohl es eigentlich schon im Jahr 1907 aus dem aktiven Dienst ausscheiden sollte.
Wegen der zahlreichen Unfälle (schon in Friedensjahren) hatte sich diese Waffe keinen besonders guten Ruf erarbeitet. Aber es gab eben solange nichts anderes, bis man alle Soldaten mit dem neuen 98er ausstatten konnte. Die Firmen – Mauser, DWM und andere, die das 98er bauten – kamen der Nachfrage nicht hinterher. Diese Ur-Versionen fand man sogar noch im Zweiten Weltkrieg. Man lagerte die Bestände nach 1918 ein und gab sie später an rückwärtige Dienste aus.
Aber schon kurz nach dem Ende des Krieges begann ein Streit darüber, was mit den Gewehren geschehen sollte. Es gab Stimmen, die sich für eine Modernisierung des Mauser-Gewehrs aussprachen, da es manchen als zu unhandlich galt. Anderen war es wiederum zu schwer. Dabei gab es bereits eine leichtere Variante der Waffen, nämlich den Karabiner 98a. Dieser wog mehr als ein halbes Kilogramm weniger als das Gewehr 98 und hatte eine geringere Lauflänge und Gesamtlänge. Er kam vor allem bei der Kavallerie und der Artillerie zum Einsatz. Diese Ausführung entstand schon vor Ausbruch des Ersten Weltkrieges und war ebenso im Zweiten Weltkrieg anzutreffen, aber vornehmlich bei rückwärtigen Diensten oder Polizeitruppen.
Den Terminus »Karabiner 98a« gab es seinerzeit allerdings noch nicht. Diese Waffe hieß einfach »Karabiner 98«. Erst in den 1920er Jahren gab es diese Bezeichnung, um diesen Karabiner von der neuen Version unterscheiden zu können.
Wie dem auch sei, machte man sich an die punktuelle Überarbeitung des Gewehrs 98 und schuf so den Karabiner 98b, den man im Jahr 1923 in Dienst stellte. Allerdings handelt es sich dabei genau genommen nicht um einen Karabiner, denn die Länge des Gewehrs 98 wurde beibehalten. Lediglich am Kammerstängel und die Riemenbügel wurden Veränderungen vorgenommen. Außerdem baute man das Gewehr so um, dass sich verbesserte Munition nutzen ließ, um den Kampfwert zu steigern.
Doch glücklich zeigte man sich damit nicht, da es eben nur eine abgeänderte Version des Ursprungsmodells war. So begann man gleich wieder mit der Weiterentwicklung. Denn das System Mauser 98 war nach wie vor zuverlässig und sollte beibehalten werden. Nur sollte es eben in eine andere Waffe integriert werden, ohne dabei aber eine völlige Neukonstruktion zu schaffen.
Auf Grundlage der Kriegserfahrungen und im Vergleich mit anderen Modellen (etwa tschechischen

Israelischer Karabiner 98k aus tschechoslowakischer Fertigung – zu erkennen am Davidstern und dem hebräischen Buchstaben Teth auf dem Schaft.

Sammlung von verschiedenen 98ern aus dem Iran, Peru, Argentinien und Brasilien. Das 98er-System entwickelte sich schnell zu einem weltweiten Phänomen (siehe dazu auch das Kapitel »Das Mauser Phänomen«).

oder belgischen) entwickelte Mauser ein sogenanntes »Standard-Modell«, das sich weltweit verkaufen ließ. Es verfügte über einen 60 Zentimeter langen Lauf und einen abgewinkelten Kammergriff. Es entstand im Jahr 1924, daher auch der Name »Mauser Modell 1924« (ein anderer Name ist »Mauser Modell 1933«), das man bis 1935 baute. China, Äthiopien und Länder in Südamerika gehörten zu den Nationen, die diese Version bezogen. Auch hiervon gab es eine Karabiner-Version, die in vielen Punkten dem später offiziell eingeführten Kar98k ähnelte.

Im Jahr 1935 war es dann soweit. Der Karabiner 98k wurde am 21. Juni 1935 die offizielle Dienstwaffe der Wehrmacht und sollte die anderen bis dahin gebräuchlichen Muster ersetzen. In den Allgemeinen Heeresmitteilungen hieß es unter Punkt 275: Karabiner 98k: »Als Ersatz für das Gewehr 98 und den Karabiner 98b wird der Karabiner 98k (K98k) eingeführt (…).«

Das wichtigste technische Detail war, dass der Zubringer nun den Verschluss sperrte. Das sollte verhindern, dass der Soldat bei leerer Waffe den Verschluss nach vorne drückte – sondern merkte, dass die Waffe leer war und er entsprechend nachladen musste. Der Nussbaumschaft kam mit einem abgewinkelten Kammergriff, Griffmulde und Schaftdurchbruch für den Riemen. Weiter wartet das

Soldaten der deutschen Marine in einer gestellten Gefechtsaufnahme mit dem Gewehr 98, das zu Beginn des Ersten Weltkriegs aber noch nicht so verbreitet war.

Gewehr mit einer Schiebesicherung und einem Dreieckskorn auf, das man aber ab dem Jahr 1940 durch einen Korntunnel ersetzte.

Man muss allerdings sagen, dass die Produktion schon vor dem offiziellen Termin anlief. Nach der Machtübernahme durch die Nationalsozialisten setzte eine immense Aufrüstung ein, die noch in aller Heimlichkeit erfolgte. Der Grund dafür waren die Restriktionen des Versailler Vertrages von 1919. Bei Mauser und auch bei Sauer & Sohn in Suhl kamen die neuen Gewehre schon seit dem Jahr 1934 aus den Fabriken. Um die Herkunft zu verschleiern, ersetzte man die Herstellernamen durch codierte Produktionszeichen. Alles lief unter dem Tarnnamen »Adalbert«. Aber bald legte man keinen Wert mehr auf die Verheimlichung und produzierte die Waffe ganz offiziell und in großen Stückzahlen. Jedoch reichten die Kapazitäten nicht aus, um das neu entstandene Millionenheer »Wehrmacht« flächendeckend mit dem Karabiner 98 auszustatten.

Als dann der Krieg ausbrach, war die Truppe noch nicht komplett auf den kurzen Karabiner des 98er-Gewehrs umgestellt. Das brachte es mit sich, dass auch die Karabiner 98a und 98b noch in den Beständen der Wehrmacht zu finden waren und die Landser damit kämpften.

Zu Beginn legte man großen Wert auf die Qualität der Waffen. Der Produktionsstandard war hoch, was die Waffen teuer machte. Als der Bedarf mehr und mehr stieg, begann man mit der Vereinfachung der Herstellung. So nutzte man ab dem Jahr 1938 (also noch vor Kriegsausbruch) für die Schäftung nur noch vereinzelt Nussbaumholz, sondern griff auf das eher verfügbare Buchenschichtholz zurück. Gefräste und polierte Teile wichen alsbald solchen aus dem Blechprägeverfahren. So lassen sich heute verschiedene Gewehre nach ihrem Fertigungsstandard beurteilen und einordnen. Ungefähr 12,8 Millionen dieser Waffen liefen bis zum Kriegsende von den Bändern, allein mehr als 2,26 Millionen im Jahr 1944. Die Produktion erfolgte aber auch unter Lizenz im Ausland.

Die Kapazitäten reichten jedoch nicht aus, um den Bedarf der Front zu decken. Deswegen ging man auf deutscher Seite dazu über, auch sogenanntes

Modellvielfalt: 98er aus DWM-Fertigung, darunter ein K98a, G98 mit B-Schaft und ganz unten ein Karabiner 98 B mit seitlichem Riemen.

Abschiedsbild aus dem Jahr 1916. Soldaten mit Familie, Pickelhauben mit Überzug und dem Gewehr 98.

Anschießen der fertigen Waffen aus einer Schießmaschine. Hier sitzen Sportwaffen in der Vorrichtung, daneben der klassische Karabiner 98k.

»Fremdgerät« an die Soldaten auszugeben, um die Männer zu bewaffnen. Darunter auch solche Fabrikate, die grob an die Mauser-Konstruktion angelehnt waren.

Bei den Teilstreitkräften fand sich als Ergänzung zum Kar98k eine abgeänderte Form des ungarischen Infanteriegewehrs M 35 (eine Mannlicher-Konstruktion). Gebirgstruppen erhielten zudem auch noch ein anderes Gewehr, das 33/40. Dabei handelt es sich um ein kurzes Mauser-Gewehr, das man aus dem tschechischen Karabiner VZ 12/33 entwickelte.

Erwähnenswert – vor allem für Sammler – dürfte sein, dass es auch eine ganze Reihe von Übungsgewehren gab, die den 98ern nachempfunden waren. So produzierten nahezu alle bekannten Hersteller solche Übungsgewehre. Mauser, Walther Haenel und Genschow gehörten zu den Herstellern der Waffen, die aber im Gegensatz zu den großen Versionen lediglich Luftgewehr- oder Kleinkaliber-

	Gewehr 98	Karabiner 98a	Karabiner 98b	Karabiner 98k
Kaliber	7,92 mm	7,92 mm	7,92 mm	7,92 mm
Länge:	1250 mm	1100 mm	1250 mm	1107 mm
Lauflänge:	740 mm	590 mm	740 mm	600 mm
Mündungsgeschwindigkeit:	895 m/s	640 m/s	785 m/s	755 m/s
Gewicht	4200 g	3630 g	4010 g	3800 g
Kapazität	5 Schuss	5 Schuss	5 Schuss	5 Schuss

Munition verschießen konnten. Mit diesen Gewehren konnte die Ausbildung vereinfacht werden, da es sich um exakte Kopien der Originale handelte, auch wenn damit der Versailler Vertrag verletzt wurde.
Außerdem fungierte der Kar98k auch als deutsche Scharfschützenwaffe. Es gab keine speziellen Scharfschützenwaffen innerhalb der Wehrmacht und auch das Scharfschützenwesen etablierte sich erst nach und nach. Man setzte der Einfachheit halber Zielfernrohre auf die Waffen und gab sie dann an Scharfschützen aus. Es gab darüber hinaus auch noch einige Gegenstände als Zubehör, zum Beispiel Schießbecher, die man vorne auf die Mündung steckte.
Mit dem Kriegsende war die Zeit für den Kar98k aber keineswegs abgelaufen. Es gab derart große Bestände, dass die Gewehre noch lange nach Kriegsende in Gebrauch waren, so etwa in Norwegen, Spanien oder Portugal. Und selbst die DDR und die BRD nutzten den Karabiner in der Anfangszeit noch für Armee und Polizei.
Selbst heute ist der Karabiner noch im Einsatz und zwar beim Wachbataillon beim Bundesministerium der Verteidigung. Diese sind allerdings nicht mehr schussfähig und dienen lediglich repräsentativen Aufgaben. Bei Schauauftritten kann jedoch noch mit Platzpatronen geschossen werden. Erst 1995 wurde von den aus der Zeit vor 1945 stammenden Karabinern das teilweise noch vorhandene Beschusszeichen mit dem Hakenkreuz entfernt, nachdem es diesbezüglich Kritik gab.

98er gehören heute zu begehrten Sammlerstücken, zumal es eine schier unendliche Vielfalt an verschiedenen Modellen, Ausführungen und Kalibern gibt.

Das Mauser-Phänomen

Ein weltweit beliebtes System

Im vorangegangenen Kapitel klang es ja schon an. Das Mauser-System 98 gehört zu den am meisten produzierten Systemen der Welt und hat sich nunmehr seit mehr als 100 Jahren bewährt.
Überdies zeigte es sich als absoluter Exportschlager und war alsbald rund um den Globus zu finden. Und auch nach dem Ende des Zweiten Weltkrieges tauchten die Gewehre immer wieder auf. Israel nutzte sie oder auch im Vietnamkrieg stießen die Amerikaner vereinzelt auf das System, das wie kaum ein anderes mit dem Namen Mauser in Verbindung gebracht wird.
Deswegen soll nun eine kleine (und keineswegs vollumfängliche) Ergänzung zum deutschen Kapitel erfolgen, das zeigt, welchen Weltruhm sich diese Waffe erwarb.
Es gab überdies auch Nationen, die auf Grundlage des Mauser-98ers ihre eigenen Adaptionen schufen, wie etwa Polen oder die Tschechoslowakei. Deren Waffen finden sich dann im letzten Kapitel dieses Buches unter der Rubrik »Andere Länder«.
Was das Gewehr 98 und seine Abarten ausmachte, wurde ja bereits beschrieben, weswegen es jetzt gleich in medias res gehen kann oder, anders ausdrückt, auf zur System-98-Weltreise.

Kurz nach dem Erscheinen des Gewehrs 98 wuchs auch das Interesse an diesem System. Ob es nun am Kaliber lag oder an einem anderen Punkt, diejenigen, die schon bei Mauser kauften, wollten alle das neue, zuverlässige Gewehr haben. Und diejenigen, die Mauser bislang noch nicht auf dem Zettel hatten, wollten sich diese neue Erfindung ansehen. Zu ersten Gruppe gehörten vor allem Nationen in Südamerika oder im vorderen Orient. Deren Nachbarn, so sie denn zur zweiten Gruppe gehörten, sahen genau hin, was denn dort angeschafft wurde.
Und betrachtet man die Zahlen, brachen für Mauser goldene Zeiten an. Allein die Türkei beziehungsweise das Osmanische Reich orderte mehr als 200.000 Gewehre und gönnte sich im Laufe der Jahre noch einen Nachschlag.
So war es nur eine Frage der Zeit, bis sich das Modell 98 (auch schon vor dem Mauser Modell 1924) zu einem Exportschlager mauserte.
Bolivien, Argentinien, Brasilien und Peru standen alsbald auf der Liste der Bezieher der Waffen, die man entsprechend der Wünsche des Kunden anglich. So finden sich etwa heute noch 98er-Systeme bei der peruanischen Armee, wenn es Schauvorführungen gibt.
Mitunter gab es aber auch Verwirrungen um die Bezeichnung beziehungsweise die Stempel auf den Gewehren. So im Falle von Mexiko. Deren 98er landeten bei Soldaten der k.u.k-Monarchie.
Im Jahr 1912 bestellte Mexiko unter dem Präsidenten Francisco Madero Gonzalez bei der mit der DWM zusammenarbeitenden OEWG im österreichischen Steyr 98er-Gewehre (allerdings in einem anderen Kaliber, nämlich 7x57). Im Jahr 1913/14 begann die Auslieferung der Waffen oder sollte zumindest beginnen, aber im Februar 1913 stürzte man den Präsidenten und General Victoriano Huerta übernahm die Macht.
Der neue starke Mann tötete seinen Vorgänger, was den US-amerikanischen Präsidenten Woodrow

Mauser-Original – direkt für Peru produziert. In Südamerika fand das 98er-System reißenden Absatz.

Kimmenbeschriftung für den 98er für den Iran – in Farsi gehalten.

Der ehemalige französische Verteidigungsminister Pierre Billotte schreitet eine Ehrenwche während seines Besuchs in Israel ab. Diese ist mit Karabinern 98 k ausgerüstet.

Wilson dazu veranlasste, den Hafen von Veracruz zu sperren. Von dieser Sperre war auch die Waffenlieferung aus Europa betroffen.
Im Juli 1914 räumte der General wiederum das Feld, was die Lieferung möglich gemacht hätte. Doch durch das Attentat auf den österreichischen Erzherzog und seine Gattin setzte sich ein Räderwerk in Gang, das in den Ersten Weltkrieg mündete. Die Donaumonarchie kaufte umgehend alle eigentlich für Mexiko bestimmten Gewehre auf (mehr als 65.000 Stück) und gab sie an die eigenen Truppen aus, deren Waffen nun mit »Republica Mexicana« gestempelt waren.
Nach dem Zerfall der Doppelmonarchie gingen die mexikanischen Waffen an die Länder, die aus dem Vielvölkerstaat entstanden, so etwa an Jugoslawien, wo man es abänderte, ausgab, nur um es dann im Jahr 1941 an die Deutschen abzugeben.

Insbesondere die Tschechoslowakei und Belgien waren die beiden Nationen, die nach dem Ersten Weltkrieg Profit aus dem 98er-System schlugen, das System modifizierten und es weltweit an den Mann brachten.
Aber im Gegensatz zum tschechoslowakischen vz. 24 (siehe dazu auch das abschließende Kapitel) führten die Belgier ihre Adaption nicht in ihre Armee ein, sonder verkauften über FN eben das Model FN Model 24 (später auch noch ein leicht modernisiertes Modell 30) in alle Welt. Aus diesem Grund finden sich die belgischen Mausers auch an dieser Stelle in diesem Buch.

Hülsenkopfstempel für ein 98er-Gewehr für den Iran. Bei Sammlern ein wichtiger Punkt und Hauptreiz, um solche Gewehre zu sammeln.

Auch auf der Systemhülse findet sich Farsi – diese Waffe ging an den Iran.

Die letzten Exemplare liefen übrigens im Jahr 1964 von den Bändern.

Was nun die Länder anging, in die man exportierte, so lässt sich sagen, dass es wieder einem Flug rund um die Welt gleicht.

Bolivien importierte von den Belgiern und behielt die Gewehre bis in die 1950er Jahre in den Beständen.

China kaufte gleich beide Versionen in insgesamt sechsstelliger Größenordnung und sie waren noch bis zum Korea-Krieg im Dienst – was die Mausers und China angeht, dazu später mehr.

Kolumbien stand ebenfalls auf der Empfängerliste. Zu Beginn noch im Kaliber 7x57, rüsteten die Südamerikaner ihre Gewehre auf das Kaliber .30-06 Springfield um.

In der belgischen Kolonie Kongo fand man ebenfalls einen Abnehmer, genauso wie in Äthiopien, Liberia und Marokko.

Für die französischen Kolonien liefert man noch im Jahr 1939 Waffen. Litauen orderte in den späten 1930er Jahren 75.000 Stück, genauso wie Luxemburg, das ebenfalls zu den belgischen Kunden gehörte, nur eben mit einer anderen Stückzahl.

Ansonsten stehen noch Griechenland, Rumänien, die Türkei, Haiti, Indonesien, Argentinien, Costa Rica, Equador, Uruguay, Venezuela, Mexiko (diesmal kam die Bestellung an), Paraguay und Peru auf der Bezieherliste.

Auch bei den Arabern und Persern waren die Gewehre, basierend auf dem 98er-System zu finden. Der Yemen und das Königreich Saudi Arabien führten die Gewehre ebenso ein wie das damalige Persien. Die Saudis orderten noch einmal eine größere Charge nach dem Ende des Zweiten Weltkrieges.

Israel findet sich ebenso auf der Liste der 98er-Kunden. Der junge Staat kaufte die Waffen zu Beginn der 1950er Jahre – noch im Original-Kaliber, rüstete aber bald auf den NATO-Standard um.

Man sieht, dass sich FN aus Belgien weiträumig betätigte. Es entstanden überdies noch Untervarianten, die aber zu weit führen würden, um sie hier alle aufzulisten. Aber allein die Fülle an Nationen, die in der einen oder anderen Art und Weise das 98er-System bestellten, gilt als Beleg für den Erfolg dieser originär deutschen Erfindung.

Besprechung an einem Bunker im Zweiten Weltkrieg.

Bei einer der genannten Nationen lohnt es sich, die Geschichte ihrer Bewaffnung mit dem 98er Modell noch einmal näher aufzuschlüsseln.
China hatte im Laufe der Jahrhunderte den Anschluss an die anderen Nationen der Welt verloren. Im 19. Jahrhundert strengte man sich an, diese Lücke zu schließen, auch in waffentechnischer Hinsicht.
Man importierte aus verschiedenen Ländern Gewehre, wie etwa einschüssige Remingtons, Winchester-Hotchkiss-Musketen, verschiedene Mauser-Modelle und das Kommissionsgewehr 88.
Mit bei der DWM gekauften Maschinen begannen die Chinesen alsbald selbst mit der Produktion des Gewehrs 88.
Vor dem Ausbruch des Ersten Weltkrieges bekam das Reich der Mitte dann eine Lieferung des neuen 98er-Modells und zwar in Form des Exportmodells 1904. Anfänglich nutzten die Chinesen noch das Kaliber 6,8 Millimeter, wechselten aber alsbald auf 8x57.
Auf dieser Basis schuf man ein eigenes Modell, das man heute als M1904/07 oder als M1907 kennt, das in Kwantung und Kung Hsien entstand. Und mit der eigenen Produktion gab man sich nicht zufrieden. Vielmehr importierte man die neuesten Modelle aus Belgien, der Tschechoslowakei oder Deutschland. Allerdings scherte man sich alsbald nicht mehr um die Lizenzen, sondern baute munter illegale Kopien der Gewehre. Aber auf eines wollte man dann nicht verzichten: die Mauser-Tonne.
Die Asiaten waren so begeistert von den Waffen, dass sie alle als Mauser bezeichneten und auf alle – auch die illegalen Kopien – die Mauser-Tonne aufbrachten. Eine frühe Form der Produktpiraterie, wenn man so will. Allerdings ließen und lassen sich die Nachbauten einfach erkennen, etwa am groben Finish, am zu hellen Schaftholz.
Zusammengefasst kann man sagen, dass es einige Tausend echte Mausers aus europäischer Fertigung in China gab und wohl mehrere Millionen Kopien. Letztere entstanden noch dazu in Teilen auf

Zubehör gab es auch für die Waffen, wie etwa die Option, damit Gewehrgranaten zu verschießen.

Chinesischer Soldat mit einem G1907. Um Lizenzen und Urheberrechte scherte man sich im Reich der Mitte nicht sonderlich.

Ein israelischer Soldat inspiziert einen 98er.

Hier schießt ein Polizist mit einem 98er-Derivat, einem tschechoslowakischen vz. 24.

deutschen Maschinen, da Deutschland eine wichtige Rolle spielte, als sich China anschickte, den Anschluss zu schaffen.
Diese Zusammenarbeit fand ein Ende, als der Krieg zwischen Japan und China eskalierte. Deutschland stellte seine Unterstützung ein, weil es mit Japan verbündet war, doch die Kopien entstanden weiterhin. Diese eignen sich schon alleine wegen der unterschiedlichen Herstellungsorte, Stempel und anderer Merkmale, die sie so interessant machen, als Betätigungsfeld für Sammler.

Ob beim Unternehmen Mauser wohl jemand an einen solchen weltweiten Erfolg dachte, als das System 98 entstand? Darüber lässt sich nur spekulieren. In jedem Fall war und ist dieses System eine weltweit erfolgreiche Innovation in der Waffentechnik. Noch heute verlassen sich Jäger rund um den Globus auf das 98er-System.
Auch wenn es militärisch keine große Rolle mehr spielt, zeigt es doch, dass Erfindergeist weltweit erfolgreich sein kann. Von Deutschland ausgehend, haben auch andere Nationen erkannt, wie gut dieses System ist.

Vor, nach und während des Zweiten Weltkrieges anzutreffen: die 98er.

Israelische Soldaten mit ihrer Ausrüstung – auch dem 98er.

Millionenfach produziert und ein weltweiter Erfolg: das 98er-System.

Zwei für einen Krieg

Die französischen Gewehre Lebel und Bethier

Schaut man sich die Bewaffnung der französischen Armee im Zweiten Weltkrieg an, so kann der Betrachter zu dem Schluss kommen, dass die Grande Nation nichts wegwerfen wollte, was man eventuell noch einmal gebrauchen konnte.
Bei manchen Modellen war der Ursprung klar erkennbar, nämlich das Chassepot-Gewehr M1866. So fand sich in den Reihen der Armee, als der deutsche Angriff im Mai 1940 begann, sogar noch das Modell Fusil Gras mle 1874 bei der Truppe. Dabei handelt es sich um eine Einzelschusswaffe, die schon längst nicht mehr auf der Höhe der Zeit war, aber noch bei Einheiten im Hinterland oder Kolonialtruppen anzutreffen war.
Das eigentliche Lebel Modell 1886 war über mehrere Jahrzehnte vom Ende des 19. Jahrhunderts bis etwa 1916 das Standardgewehr der Franzosen. Es war zudem das erste Gewehr, das speziell für das neue rauchlose Pulver entwickelt wurde.
Nach der Entwicklung des neuen Pulvers setzte die französische Regierung ein Komitee ein, um eine neue Waffe zu finden. Den Vorsitz hatte der französische Oberst Nicolas Lebel. So entstand das Modèle 1886. Als Ausgangsbasis diente das Zylinderverschlussgewehr »Gras« aus dem Jahr 1874, wie es eben auch noch 1940 zu finden war. Neu war das Kaliber von 8 Millimetern und die technische Lösung, die Patronen aus einem Magazin zuzuführen. Diese Waffe führte man ein, verbesserte sie aber stets weiter, so dass schon bald das Modell 1886/93 entstand.

Allerdings zeigten sich hier Mängel, so beim Nachladen des Röhrenmagazins, das sich als umständlich erwies. Überhaupt war diese Art des Magazins ein Hort der Probleme, da die Patronen darin hintereinander, also Geschossspitze auf Zündhütchen lagerten. Das hieß nichts anderes, als dass es bei starken Erschütterungen vorkommen konnte, dass sich die Patronen im Magazin selbst entluden. Mit einem leicht gewölbten Hülsenboden versuchte man dem Problem im Ersten Weltkrieg Herr zu werden. Außerdem konnte man die Waffe nicht ohne Werkzeug zerlegen und ihre Länge erschwerte ihre Handhabung, vor allem in den Schützengräben.
Es gab überdies noch einiges an Sondergerät für das Lebel-Gewehr, etwa das Gewehrgranatgerät Viven-Bessiéres.

Berthier-Karabiner M1916

Französischer Poilu mit einem Lebel-Gewehr

Fünf französische Soldaten mit modernisierten Uniformen im Ersten Weltkrieg. Nach dem Ende des Krieges setzte man unter anderem auf Verteidigung und verschlief die Modernsierung der Armee.

Außerdem gab es bald ein Gestell, das es den Schützen erlaubte, ihren Schuss abzugeben, ohne aus dem Graben zu sehen. Durchsetzen konnte sich die Waffe jedoch nicht. Schon im Ersten Weltkrieg nicht mehr auf der Höhe der Zeit, maß man der Modernisierung der Waffen keinen großen Stellenwert bei. So verblieb das Lebel-Gewehr weiterhin in den Beständen. Es ging sogar soweit, dass man in den 1930er Jahren noch einmal 50.000 Karabiner fertigte, um sie an die französischen Kolonialtruppen in Afrika auszugeben.

Mitten im Ersten Weltkrieg, genauer gesagt ab dem Jahr 1915, ersetzten die Franzosen das Lebel Modell 1886/93 zuerst bei Kolonialtruppen und in der Fremdenlegion durch das Berthier Modell 1907/15. Davon gab es wiederum viele verschiedene Versionen. Das Berthier-Gewehr war eine Weiterentwicklung des Lebel M1886 und arbeitete mit einem Zylinderverschluss. Statt des Röhrenmagazins verfügte diese Waffe allerdings über ein Kastenmagazin. Zuerst für drei Schuss konzipiert, steigerte man die Kapazität bald auf fünf Schuss. Émile Berthier, ein Bauingenieur der französischen Staatsbahn in Algerien, stand hinter dieser neuen Waffe beziehungsweise der Weiterentwicklung des bestehenden Musters. Dabei handelt es sich genau genommen um eine Variante des Lebelgewehres mit einem überarbeiteten Verschluss System Kropatschek, der direkt hinter dem Patronenlager verriegelt und bei dem die Verriegelungselemente gegenüber denen des Lebelgewehrs um 90 Grad versetzt sind. Ursprünglich als Mousqueton mle 1890 eingeführt, gab es alsbald auch ein Modell 1892. Es entstand eine ganze Reihe von verschiedenen Infanteriegewehren und auch Karabinern.

Was die Kaliber anging, so verschossen auch die Berthier-Waffen die 8-mm-Standard-Lebel-Patrone, bis man eben im Jahr 1915 begann, die bis dahin vorhandenen Waffen durch die modernere Version M 1907/15 zu ersetzen und damit gleichzeitig auch das Kaliber auf 7,5 Millimeter änderte. Damit einher ging ein Bedeutungsverlust der Lebel-Ge-

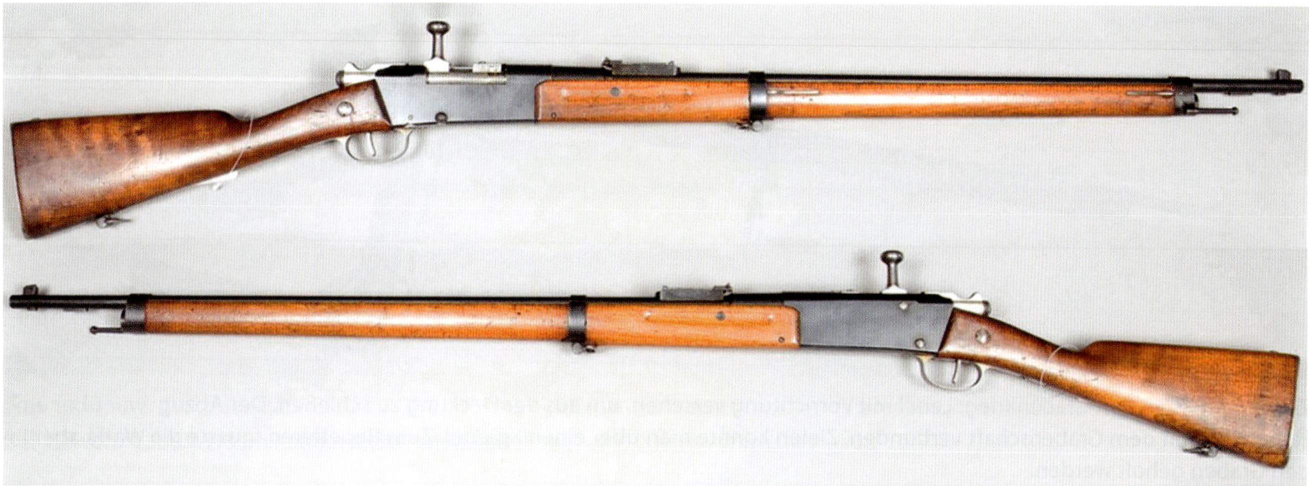

Lebel-Doppelpack: Das Lebel-Gewehr war eine für die Zeit rückständige Waffe, die schon im Ersten Weltkrieg ihre Schwächen bewies.

Das Berthier-Gewehr zeigte sich besser als das Lebel und war selbst nach dem Ende des Zweiten Weltkrieges noch im Einsatz.

Auch als Scharfschützenwaffe kam das Lebel zum Einsatz, wie hier mit einem dreifach vergrößernden APX-16-Zielfernrohr.

wehre, die aber wie erwähnt nach wie vor Verwendung fanden. Alle Berthier-Gewehre verfügten zudem über Klappvisiere. Beim Fusil M 1916 konnte ein Schießbecher auf den Lauf aufgesetzt werden.
Ähnlich wie bei den britischen Lee-Enfield-Gewehren gab es auch bei den Berthier-Waffen eine große Vielfalt an Modellen, was es schwierig macht, die einzelnen Typen zu unterscheiden. Allein schon bei den Karabinern gibt es eine Fülle von Versionen, die einzigartig ist. So etwa das Carabine de Cavalerie Modèle 1890 Type 1er. Dabei handelt es sich um den ersten in Serie gefertigten Karabiner für die Kavallerie. Er war mit einem nach unten gebogenen Kammerstängel versehen, um die Waffe be-

Das neue Alte: Das SMLE Mark III* ging wieder in die Produktion, als in Deutschland die Wiederbewaffnung begann – bis 1943 lief dann die Fertigung dieser Waffe.

Typ 4: Eine modifizierte Version des Mark 1 und 2, glich in etwa dem Mark 3.

Typ 3*: Diese Version stellt eine vereinfachte Version des Mark 3 dar, die man im Jahr 1916 einführte.

Typ 5: Im Jahr 1923 eingeführt, war diese Lee-Enfield Version eine modifizierte Variante des Typs 3.

Typ 6: Ein verbessertes Mark 5 und schließlich zum Gewehr Nr. 4 weiterentwickelt, das zwischen den beiden Weltkriegen entstand.

Daneben gab es weitere Versionen, die man mit Nummern und/oder Sternchen versah, was es kompliziert macht, sich der Thematik zu nähern.

Als dann der Zweite Weltkrieg ausbrach, stellte man mit dem Typ 4 Rifle eine Waffe in Dienst, die zwar Lee-Enfield hieß, aber nicht mehr in Enfield entstand. Viele andere Firmen stellten dieses Gewehr her, so etwa BSA in Birmingham, Fazackerley in Lancashire oder Maltby in Yorkshire.
Dies fand seinen Grund darin, dass Enfield mit der Produktion von Maschinengewehren, Maschinenpistolen und Revolvern völlig ausgelastet war.
Manche der neuen Waffen zeigten Mängel, die man aber auf die Massenfertigung zurückführte, da es eben Kriegsproduktion war.
Außerdem entstanden einige der Waffen auch in den Vereinigten Staaten von Amerika (gebaut bei Savage Arms) und Kanada (gebaut von Long Branch).
Aufgrund von unterschiedlichen Produktionsverfahren unterschieden sich diese Waffen von den britischen, weswegen sie in der Typennomenklatur ein Sternchen bekamen.
Hiervon gab es eine spezielle Version für Scharfschützen. Diese Gewehre bekamen ein »(T)« ans Ende der Bezeichnung, wobei das T für Telescopic steht, also für ein Zielfernrohr.

Aber nicht alle Versionen stießen auf Gegenliebe seitens der Truppe. Es gab auch Fehlkonstruktionen. So etwa das Lee-Enfield Typ 5 Mark 1.
Diese Ausführung des Lee-Enfield stammt aus der Zeit des Zweiten Weltkrieges und war vor allem auf dem pazifischen Kriegsschauplatz zu finden.
Vor allem in Burma und überhaupt im Raum von Südostasien waren die Truppen des Empire unter starkem Druck der Japaner. Die Soldaten seiner Majestät nutzten vornehmlich das weit verbreitete Lee-Enfield Typ 4 Mark 1, das sich aber als zu schwer und zu lang für den Dschungelkrieg zeigte. Dementsprechend forderten die Einheiten kürzere und leichtere Waffen.
Im September war es dann soweit, das Lee-Enfield Typ 5 Mark 1. Dabei handelt es sich um eine modifizierte Version des Typs 4. Man hatte den Lauf gekürzt, was eine Veränderung des Vorderschaftes mit sich brachte, um eben diesen Lauf aufnehmen zu können. Daneben gab es auch ein neues Visier, da die Reichweite der Waffe mit dem kürzeren Lauf natürlich sank.
Hinzu kamen Änderungen in konstruktiver Weise. So erhielten die Gewehre einen konischen Feuerdämpfer und eine dicke Gummischaftkappe –

Landung von britischen Soldaten: Die Briten setzten eine Vielzahl von verschiedenen Gewehren ein, was die korrekte Identifizierung schwierig macht.

um den Rückstoß zu mindern und die Stabilität zu erhöhen. Hinzu kam ein neues Bajonett, das sich unterhalb der Mündung befestigen ließ.
Starker Rückstoß, starker Mündungsknall und starkes Mündungsfeuer – das neue Gewehr stieß nicht auf große Liebe bei den Soldaten, die es führen sollten. Dennoch mussten sie es nutzen, da es eben besser im Dschungelkrieg zu bedienen war als die alten Modelle.
Der erste Auftrag erstreckte sich auf etwa 100.000 Gewehre, wobei aber gesagt werden muss, dass es sich bei diesem Lee-Enfield um eine Fehlkonstruktion handelt. Die auftretenden Probleme konnten nie ganz beseitigt werden.
Zudem schoss die Waffe auch noch ungenau. Der Grund ließ sich nie genau ermitteln. Selbst wenn man sie »nullte«, ging die Treffsicherheit nach und nach wieder verloren.
Alles Gründe dafür, dass es diese Version des Lee-Enfield nie zur allgemeinen Standardwaffe brachte und die anderen Versionen weiter im Dienst blieben.
Natürlich gerieten auch Lee-Enfield-Modelle in die Hände der Deutschen. So auch das Typ 1 Mark 3*, das man in rauen Mengen in Dünkirchen im Jahr 1940 erbeutete, als das britische Expeditionskorps über den Ärmelkanal floh.
Die Wehrmacht führte es als »7,7 mm Gewehr 281 (e)« in die eigenen Reihen ein und gab es an die lokalen Besatzungstruppen aus. Ab 1944 teilte man es auch an Einheiten des Volkssturms aus.

Dreiklang von Enfields: ein Rifle No.4 Mark I, darunter ein Rifle No.1 MKII und ganz unten ein Rifle No.5 MK I.

Ross-Gewehr

Neben den Enfield Gewehren gab es aber noch eine Waffe, die man im Zweiten Weltkrieg führte, beziehungsweise an die Home Guard ausgab: das kanadische Ross-Gewehr – siehe dazu auch das separate Kapitel »Andere Nationen«.

Sie gehörte noch im Ersten Weltkrieg zur Ausstattung der kanadischen Soldaten. Die Entwicklung der Waffe geht darauf zurück, dass die Briten sich weigerten, den Kanadiern ihre Enfield-Gewehre zu liefern.

So mussten sich die Kanadier selbst behelfen und griffen auf Waffen aus einheimischer Produktion zurück. Daher entwickelte um 1900 herum Charles Ross ein Gewehr, dessen Basis das Mannlicher-System bildete und das über einen Geradezugverschluss verfügte.

Durch das Prinzip der linearen Ladebewegung sollte ein schnelles Nachladen und Anvisieren ermöglicht werden, wie man es heute auch bei verschiedenen Jagdgewehren findet. In der Praxis war das Ross-Gewehr sehr anfällig für Schmutz, trotz der guten Präzision.

Die Briten lehnten folglich – aufgrund besagter Anfälligkeiten – den Entwurf ab, aber die Kanadier griffen zu und übernahmen es im Jahr 1903 offiziell in ihre Reihen.

Im Laufe der Jahre kam es immer wieder zu Modifikationen, Abänderungen und dergleichen. Anders als die Briten verzichteten die Kanadier aber auf immer neue Modell-Bezeichnungen, allein schon wegen der Tatsache, dass man die Modellvielfalt verschleiern wollte.

Was nun den Einsatz des Ross-Gewehrs anging, so zeigte man sich nur mäßig angetan. Der Aufwand stand in der Realität in keinem guten Verhältnis zum erzielten Nutzen. Das Gewehr – mit seiner Anfälligkeit für Schmutz – war eben nicht gemacht für die Welt der Grabenkämpfe des Ersten Weltkrieges. Der Lademechanismus versagte bei Verschmutzung, die Verschlusswarzen nutz-

Mal was anderes: Springfield-Gewehre 1903 – weltweit im Einsatz, auch in Großbritannien.

Gut gedacht, aber bei der Truppe unbeliebt: das Lee-Enfield No5 MK I

Hier sieht man die Hauptbestandteile eines Lee-Enfield No.1 MK III (Sportarms).

Britischer Soldat im Graben des Ersten Weltkrieges 1916.

Dschungelkampf im Fernen Osten.

Kolonialtruppen in der Ausbildung.

Portrait des Waffenkonstrukteurs James Paris Lee (1831 bis 1904).

ten sich ab, bis ein Verriegeln der Waffe unmöglich war. Es kam unter Umständen auch vor, dass Bajonette während des Schusses einfach abfielen. Besonders gravierend war aber die Tatsache, dass es unter Umständen vorkommen konnte, dass der Schütze den Verschluss verkehrt herum in die Waffe einsetzte. Das Problem: Das Gewehr verriegelte nicht, aber ein Schuss konnte trotzdem abgegeben werden. Aufgrund solcher Fehler war es nicht unüblich, das kanadische Soldaten lieber die Lee-Enfield-Gewehre einsammelten, die sie auf dem Schlachtfeld fanden.

Die Unzuverlässigkeit des Ross-Gewehrs führte sogar zu politischen Querelen, die am Ende den Rücktritt des kanadischen Verteidigungsministers Sam Hughes zur Folge hatten, der sich besonders stark für die Einführung der Waffe gemacht hatte. Dennoch gab es ein Modell des Ross-Gewehrs, das weiter in Gebrauch blieb und entsprechend gute Leistungen brachte: Das Mark 3 für Scharfschützen.

Dieses verfügte über einen längeren Lauf, eine exzellente Präzision und vor allem kamen sie ab-

Schreiben Sie uns und gewinnen Sie!

Unter den Einsendern werden jeden Monat 10 Büchergutscheine im Wert von jeweils € 50,– verlost.

Lieber Leser,

vielen Dank für Ihre Antwort.
Nur durch Ihre Anregungen und Ihre Kritik können wir uns ständig verbessern. Bitte schreiben Sie uns doch auf dieser Antwortkarte, wie Ihnen das Buch gefallen hat.

Autor und Titel des Buches:

Meine Meinung zu diesem Buch:

☐ sehr gut ☐ gut ☐ weniger gut ☐ nicht so gut

Kommentar:

Zwei Lee-Enfield-Gewehre: Die deutsche Wehrmacht führte das Lee-Enfield als Beutewaffe in die eigenen Reihen ein, hatte aber Probleme mit der Munitionsversorgung.

seits der Schützengräben zum Einsatz, wo sie von den Scharfschützen entsprechend gepflegt und geschützt werden konnten.
Insgesamt spielte das Ross-Gewehr aber keine große Rolle. Im Zweiten Weltkrieg wie erwähnt an die Home Guard ausgegeben, stellte man insegsamt etwas über 400.000 Gewehre her, von denen etwa 60.000 an die Briten gingen.

De Lisle Gewehr

Neben den Enfield- und Ross-Gewehren benutzten die Briten in der Anfangszeit des Zweiten Weltkrieges nahezu alles, was schießen konnte und sich für jedwede Dienste einsetzen ließ.
Ein wenig bekanntes Modell dürfte hier etwa der De Lisle Karabiner sein, der schon von seiner äußeren Formgebung her außergewöhnlich erscheint. Dabei handelt es sich um einen kurzen, schallgedämpften Repetierer, der schon ab Werk den Schalldämpfer verbaut hatte. Gedacht war diese Waffe für kurze Kampfentfernungen, wie in engen Räumen oder Gängen.
Der Mann hinter der Waffe hieß Willam George de Lisle und arbeitete als Ingenieur. Er entwickelte dieses Gewehr, das ab 1941 von der Royal Small Arms Factory gebaut wurde.
Interessant erscheint die Konstruktion auch, weil sie zwei amerikanische Waffen als Vorbild hat und von ihnen einige technische Details adaptierte. Neben dem Lee-Enfield Gewehr gehörten noch die Thompson Maschinenpistole und die Pistole Colt M1911 zu den technischen Vorbildern. So übernahm de Lisle von dem britischen Gewehr den Verschluss, von der Maschinenpistole den Lauf und von der Selbstladepistole das Magazin und die Magazinführung, veränderte sie nach seinen Vorstellungen und fügte alles zu seiner Waffe zusammen.
Als Kaliber wählte man .45 ACP – ein Pistolenkaliber – mit einer Magazinkapazität von sieben Schuss. Die Dämpfungsleistung der Waffe beruhte auf dem integrierten Schalldämpfer mit einem Durchmesser von 44 Millimetern und einer Länge von (je nach Zweck) 381 bis 445 Millimetern, der aus zwei Kammern besteht, in denen die Luft und die Gase verwirbelt werden.
Es gab überdies auch zwei unterschiedliche Versionen. Eine mit einem klassischen Holzschaft und eine mit einem klappbaren Metallhinterschaft. Vor allem Spezialeinheiten sollten diese Waffe er-

halten, von der allerdings nur etwas mehr als 100 Stück produziert wurden. Die kamen vor allem in Frankreich und Nordafrika zum Einsatz, konnten sich aber auf Dauer nicht gegen die besseren und leistungsstärkeren Maschinenpistolen durchsetzen. So waren etwa schon 500 vom Militär bestellt worden, doch stornierte man die Restbestellung relativ schnell.

Gestelltes Bild für die Presse: Mit Quilt, Gewehr und Bajonett im Bunker.

Godsal Gewehr

Auch auf ganz alte Waffen griff man zurück, von denen heute kaum jemand noch etwas weiß, die aber dennoch zur Geschichte des Zweiten Weltkrieges dazugehören, wie etwa das Godsal Gewehr. Philip Thomas Godsal war der Mann hinter diesem Gewehr, ein Waliser im Rang eines Majors. Ihm erschienen die bislang gebräuchlichen britischen Gewehre zu störanfällig, weswegen er sich der Entwicklung eines besseren Gewehres verschrieb. Immer wieder stellte er seine Entwicklungen dem britischen War Office vor, doch er scheiterte.

Das Godsal Gewehr gehörte zu den ersten britischen Gewehren, die mit dem Bullpup-Prinzip arbeiteten. Der Verschluss war weiter hinten als bei konventionellen Gewehren, was aber das Problem mit sich brachte, dass das Magazin ebenfalls nach hinten musste. Das wiederum führte dazu, dass der Schütze Schwierigkeiten bekam, die Waffe korrekt zu umfassen. Daraus resultiert die geringe Kapazität von lediglich fünf Schuss und der merkwürdig verdickt wirkende Schaft hinter dem Abzug. Der Bolzen bewegt sich beim Öffnen leicht abwärts,

Selbst auf den Werbeplakaten waren u.a die Enfields präsent.

Parade von britischen Soldaten in Norwegen. Mit dabei: die Gewehre der Soldaten.

Zwei Briten in der Stellung, doch dieses Foto ist nur gestellt für den Fotografen. Im Gefecht würde man sich so nicht verhalten.

was angeblich das Ausziehen unterstützen sollte, war in diesem Punkt aber nicht großartig besser als das Lee-Enfield.

Überhaupt zeigte sich das Godsal-Gewehr nur minimal besser als das Lee-Enfield und konnte so vor den Beschaffern nicht bestehen, gilt heute aber als interessanter Entwurf aus der Zeit zu Beginn des 20. Jahrhunderts.

Thorneycroft Gewehr

Neben dem Godsal-Gewehr gab es noch ein weiteres Gewehr, das dem Bullpup-Prinzip entsprach. Unter Bullup versteht man eine Bauart von Waffen, bei denen sich der Verschluss und das Magazin (in der Regel) hinter dem Griffstück befinden. Dadurch verringert sich die Gesamtlänge der Waffe bei gleichbleibender Lauflänge. In Deutschland hat sich neben der Bezeichnung Bullpup auch der Begriff Hinterschaftlader eingebürgert.

Das Thorneycroft Gewehr entstand im Jahr 1901 und bekam am 18. Juli 1901 die Patentnummer 14.622 of July 18, 1901. Ausgelegt für das Kaliber .303 British, ist das Thorneycroft 190 Millimeter kürzer und zehn Prozent leichter als das Lee-Enfield Gewehr – eben bedingt durch seine Bauweise.

Da es von seiner Funktion her ähnlich aufgebaut war wie das Godsal und es zur gleichen Zeit erschien, schreiben einige Quellen davon, dass es zu Unstimmigkeiten zwischen den beiden Erfindern gekommen wäre.

Im Vergleich schnitt das Thorneycroft besser ab, da es sanfter zu schießen war und der Hinterschaft den Schützen nicht derart behindert wie beim Godsal. Allerdings fasste diese Waffe auch nur fünf Schuss Munition, was zu wenig war für einen breiten militärischen Einsatz.

Wer nun genau diese Waffe erfand, entwickelte, erdachte, darüber gibt es nach aktuellem Stand keine gesicherten Erkenntnisse. Fest steht wohl, dass die wenigen Stücke von Webley & Scott stammen, die diese aber in privatem Auftrag fertigten.

Es soll auch eines der letzten Gewehre gewesen sein, die man speziell für die Kavallerie entwickelte, begründet eben mit der Kürze der Waffe. Wie dem auch sei, war der Rückstoß zu stark (geringes Gewicht trifft auf starkes Kaliber) und auch die Ergonomie ließ zu wünschen übrig. So schaffte es die Waffe nicht, in den Dienst der britischen Armee zu gelangen.

Als die Deutschen sich zum Unternehmen »Seelöwe« rüsteten, der niemals erfolgten Landung in Großbritannien, holte man alles an Waffen zusammen, was nur irgendwie schießen konnte und wofür Munition vorhanden war. So kamen eben auch seltene und wenig bekannte Waffen zu einem Einsatz, wenn auch größtenteils nur bei der Home Guard und dienten im Zweiten Weltkrieg. Leider gingen dabei auch viele verloren, weswegen gerade von den seltenen Stücken nur noch wenige existieren.

De Lisle Gewehr.

Godsal Gewehr.

Prototyp des Thorneycroft Karabiners.

Thorneycroft in der Karabiner-Ausführun.g

Zweite Version des Thorneycroft Karabiners.

FIG. 1.

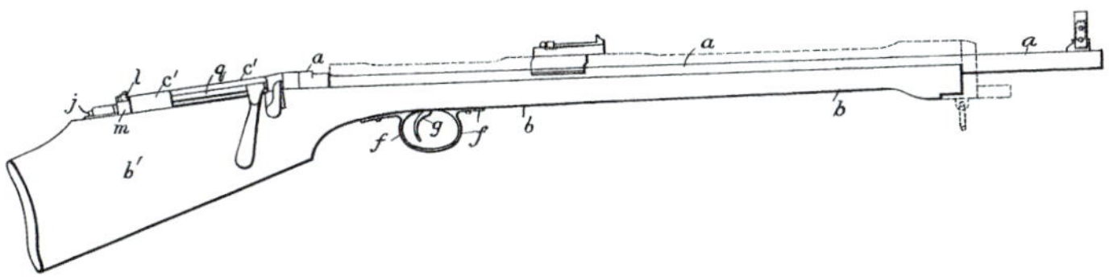

FIG. 2.

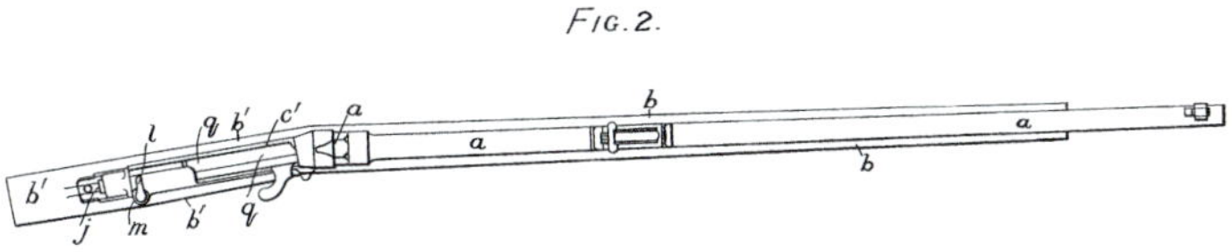

FIG. 3.

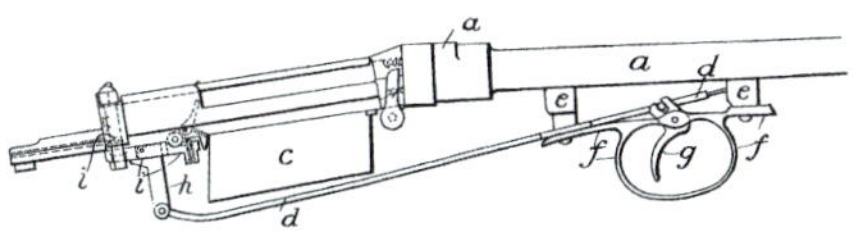

Patentzeichnung des Thorneycroft Gewehrs.

Britische Infanteriestellung an einer Straße.

Logistische Meisterleistung: Verladung von kriegswichtigen Gütern.

Eine Ikone des Zweiten Weltkrieges: Soldaten des SAS in ihren bekannten Jeeps mit der entsprechenden Bewaffnung.

Lee-Enfield (Typ 4 MK1)	
Kaliber:	.303
Mündungsgeschwindigkeit:	745 m/s
Gewicht:	4,12 kg
Kapazität:	10 Schuss
Einsatzreichweite:	800 m

Godsal 1902	
Kaliber:	.303
Kapazität:	5 Schuss
Länge:	1143 mm
Lauflänge:	756 mm
Gewicht:	3,20 kg

De Lisle Karabiner	
Kaliber:	.45 ACP
Mündungsgeschwindigkeit:	250 m/s
Lauflänge:	220 mm
Gewicht:	5,75 kg (Holz)
Kapazität:	7 Schuss

Thorneycroft	
Kaliber:	.303
Lauflänge:	635 mm
Gewicht:	3,4 kg
Kapazität:	5 Schuss
Mündungsgeschwindigkeit:	745 m/s

Besser als sein Ruf

Italiens Carcano M1891

Das italienische Carcano-Gewehr gilt als einer der waffentechnischen Gründe für die schlechten militärischen Leistungen der Italiener im Zweiten Weltkrieg. Die Mannlicher-Carcano-Gewehre galten und gelten als weniger zuverlässig und nicht besonders treffsicher. Doch trifft das nicht ganz den Kern der Wahrheit. Insgesamt gab es über 15 verschiedene Varianten dieses Gewehrs, das in seiner Grundform aber eben auf eine Konstruktion aus dem Jahr 1891 zurück geht und knapp 50 Jahre im Dienst blieb.

Das Carcano ist ein Mehrladegewehr mit einem für die Zeit typischen Zylinderverschluss. Das Magazin ist im Mittelschaft integriert. Zum Aufmunitionieren verwendete man einen Laderahmen, der so bis zu sechs Patronen in die Waffe brachte. Aber gerade diese Methode erwies sich als Schwachpunkt, da der Magazinschacht recht schnell zur Verschmutzung neigte. Die Verriegelung erfolgte direkt hinter dem Patronenlager.
Ein Problem bei der Ursprungskonstruktion war auch die Länge der Waffe. Mit 1290 Millimetern war das Carcano das längste seiner Art – im Vergleich zum G98 der Deutschen (1250 mm) oder dem österreichischen M95 (1270 mm) – bei schwächeren ballistischen Leistungen.
Ein anderer Schwachpunkt war die Munition für das Carcano-Gewehr und querbeet eigentlich bei allen Modellen ein Grund für Beschwerden. Die zuerst verwendete 6,5 mm Carcano-Patrone hatte ein an der Spitze abgerundetes Geschoss. Schlechte ballistische Leistungen wurden ihr attestiert, da eben die Durchschlagskraft und auch die Reichweite sank. Umso unverständlicher erscheint es, dass man keine andere Munition wählte und das Kaliber bis in den Zweiten Weltkrieg beibehielt. Erst dann kam mit der 7,35 Carcano-Patrone mit Spitzgeschoss eine bessere Munition für das italienische Gewehr zur Truppe. Allerdings reichten die Industriekapazitäten nicht aus,

Das größte Problem des Carcano: die Munition.

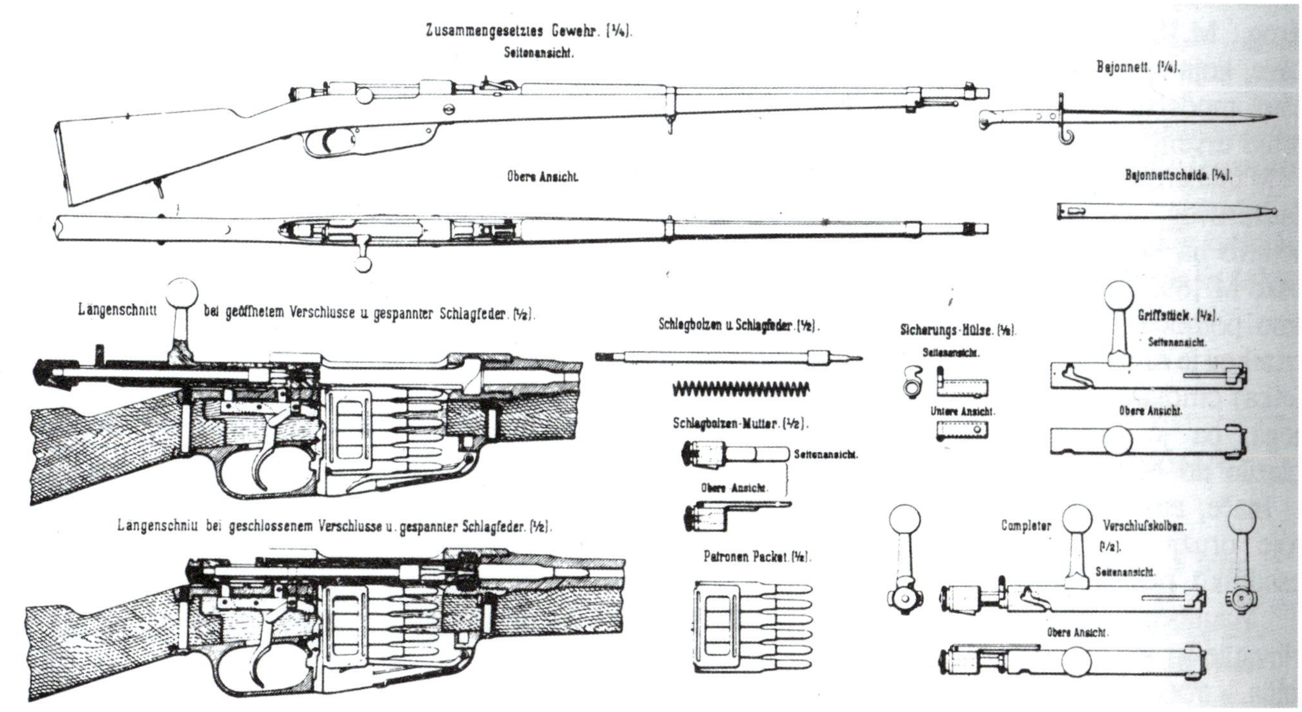

Zeichnung mit den wichtigsten Informationen zum Carcano-Gewehr.

um das Kaliber flächendeckend einzuführen. So blieb die schwächere Munition weiter im Einsatz. Deswegen kann man sagen, dass das Carcano-Gewehr zwar kein Spitzenprodukt war, dennoch solide und letztlich an der schwachen und schlechten Munition krankte.

Zu Beginn des 19. Jahrhunderts waren noch immer die Steinschlossgewehre die Standardbewaffnung der Armeen. Doch gerade in diesem Jahrhundert begann die Entwicklung der besseren Waffen, etwa mit Patronen und Hinterladung.

Und auch in Italien begann man mit den neuen technischen Möglichkeiten zu hantieren. Perkussionszündung, Zündnadelgewehre und andere waren aber nur ein Zwischenschritt zu besseren Gewehren, die zum Standrad der Armee werden sollten.

Die Entwicklung des Carcano wurde 1888 vom Kriegsministerium Italiens in Auftrag gegeben. Dabei sollte es eine Eigenentwicklung sein und eben kein adaptiertes System – obwohl man andere Entwickler, wie etwa Mauser, auch ins Boot holte.

Visier eines Carcano 1941

Klassiker: Carcano 91.

Karabiner Carcano 91.

Carcano Tromboncino.

Draufsicht Carcano Tromboncino.

Salvatore Carcano zeichnet verantwortlich für das neue Gewehr, das am Ende das Rennen machen sollte. Dafür verwendete er ein modifiziertes Mauser-System und kombinierte es mit einem Mannlicher-Magazin.

Das findet seinen Grund darin, dass man zwar auf eine eigene Entwicklung Wert legte, aber natürlich auch die Waffen untersuchte, die zur damaligen Zeit auf dem Markt verfügbar waren. So etwa das deutsche Gewehr 88 und den österreichischen Karabiner 90. So lässt sich sagen, dass man genau genommen nur bereits vorhandene Entwicklungen betrachtete und sich quasi das Beste zusammenstellte, um daraus wiederum eine eigene Waffe zu schaffen.

Im Jahr 1891 kam es dann zu einer Vorführung von verschiedenen Gewehrmodellen, bei denen auch Peter Paul Mauser und Ferdinand von Mannlicher zugegen waren. Diese waren vorab schon informiert worden, dass man für die neue Waffe das Kaliber 6,5 Millimeter gewählt habe, damit sie entsprechend ihre Entwürfe anpassten. Doch schnell erkannte man, dass der italienische Entwurf von Carcano das Rennen machen würde.

Am 29. März 1892 wurde das neue Mannlicher-Carcano vom italienischen Kriegsministerium zur Standardwaffe der italienischen Armee erklärt. Gleichzeitig damit führte man auch die Patrone M91 (mit dem Geschoss M91), die Platzpatrone M91 und die Exerzierpatrone M91 ein.

Was das Kaliber anging, so gingen auch andere Nationen, wie etwa die Schweden, auf das Kaliber 6,5 Millimeter. Doch bis zum Ausbruch des Zweiten Weltkrieges nutze die Mehrzahl der Nationen Infanteriegewehre in stärkeren Kalibern, die mehr Leistung brachten. Ein Problem, das die Italiener noch lange begleiten würde.

Das M91 blieb allerdings nicht lange allein, da schon kurz nach der Einführung Entwicklungen einsetzten, um die Waffe für andere Einheiten zu adaptieren. So gab es schon kurz nach der Indienststellung einen Karabiner – den man in Italien schlicht »Moschetto« nannte – für die Kavallerie. Die italienische Marine bezeichnete ihre »kurzen Varianten« dagegen als »Carabino«. Daneben gab es noch ein paar weitere Details, was die Bezeichnung angeht. Interessant dürfte auf alle Fälle sein, dass es auch ein Modell ONB (»Opera Nazionale Balilla«) gab, welches man der faschistischen Jugend zur Verfügung stellte, um sie vormilitärisch auszubilden. Doch das kam naturgemäß erst später.

Den ersten Kampfeinsatz des Carcano-Gewehrs gab es schon vor Ausbruch des Ersten Weltkrieges. In Abessinien kam die Waffe erstmalig im Jahr 1896 zum Einsatz – ein interessantes Detail, da der Konflikt schon länger andauerte und eben das Modell seit 1892 zur Verfügung stand. Es gibt zwar Berichte, die von einem früheren Einsatz in Abessinien sprechen. Allerdings geht man davon aus, das die Breitenbewaffnung der Kolonialtruppen noch mit dem Vorgänger M70/87 erfolgte und nur weni-

Italienische Soldaten an der Ostfront in Stellung.

Stempel auf dem Gewehr. Gut zu erkennen: die Jahreszahl 41.

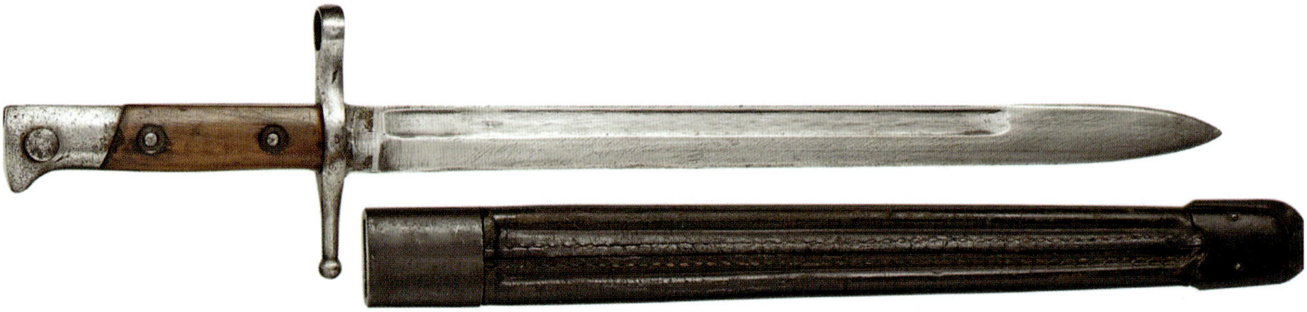

Auch für das Carcano gab es noch ein passendes Bajonett.

Carcano aus der Fertigung von 1941.

Carcano Modello 1891.

Blick auf die Kimme eines 41er-Modells.

ge Einheiten schon vorher das M91 hatten, zumal die Produktion schleppend anlief. Daneben gab es nur kleinere Einsätze für das Gewehr, das aber schon in Afrika ein paar Schwächen – vor allem bei der Munition – aufwies.
Als dann der Erste Weltkrieg ausbrach, produzierte man das M91 und seine Varianten weiter, ohne Grundlegendes zu ändern. Als der Krieg andauerte kam es zu verschiedenen Veränderungen bei den Waffen. So gab es Modelle mit einer vereinfachten Steuerkurve (bei der Firma Terni). Neue Befestigungen am Handschutz, seitliche Befestigungen der Riemenbügel und anderes mehr lassen sich für die »Kriegsmodelle« feststellen, was es umso interessanter für Sammler macht, wenn man sich die Millionen an Carcano-Gewehren vor Augen führt, die allein bis 1919 entstanden.
Und diese Veränderungen fanden mit dem Ende des Krieges keineswegs ihr Ende. Verschiedene Varianten aus der Zeit vor dem »Großen Krieg« wurden bald wieder aufgelegt. Oder aber man entwickelte Nachfolgemodelle.
Mit dem Moschetto M91/24 schuf man etwa einen Karabiner neuen Typs, der den Mochetto M91 TS ersetzen sollte und vor allem für neue Truppengattungen wie Nachrichter und andere gedacht war. Diese entstanden aus Umbauten von M91. Vor allem der 45 Zentimeter lange Lauf ist kennzeichnend für dieses Modell in Kombination mit dem langen Visier.
Eine besondere Spielart war das Moschetto M91/28 – ein Granatgewehr, das eine Granatwerfereinrichtung verwendete, die dauerhaft an der Waffe war.
In den 1930er Jahren erkannte man aber in Italien schließlich, dass man noch so viele Modifikationen an dem Caracano-Gewehr durchführen, noch so viele Variationen einführen konnte, es aber nichts am Problem der Munition löste.
So stieg man mit dem M38 die Kaliberleiter nach oben und wechselte von 6,5 Millimetern zu 7,35 Millimetern. Bei vier Firmen sollte die neuen Waffe entstehen, dazu eben die entsprechenden Abarten. Aber der Kriegsausbruch machte diese Neuerung zunichte.

Was nun das Carcano-Gewehr im Zweiten Weltkrieg angeht, so kämpft die Waffe eben mit ihrem schlechten Ruf, wie überhaupt die militärische Leistungsfähigkeit der Italiener in dieser Zeit stets im negativen Licht gesehen wird – wobei man immer sagen muss, dass der Bündnispartner der Deutschen bei Kriegsausbruch nicht ansatzweise für einen solchen Krieg gerüstet war.
Auf keinem Gebiet – sei es Luft- oder Marinerüstung oder anderweitig – war die Armee von Benito Mussolini auf modernem Stand, sondern lebte quasi noch von Beständen aus dem Ersten Weltkrieg oder eben von Entwicklungen, die nicht mehr auf der Höhe der Zeit waren.

Die Arisaka-Typen-Gewehre

Japans unterschätzte Waffen

Japan, das Land der aufgehenden Sonne. Noch zur Mitte des 19. Jahrhunderts war das Inselreich unter der Herrschaft des Shoguns aus dem Hause der Tokugawa rückständig, abgeschottet und mehr oder weniger noch im Feudalismus gefangen.

Tenno Hirohito (1901 bis 1989) bei einer Militärparade. Seine Regierung stand unter der Devise »Weg des Friedens« und legte weite Teile Asiens in Schutt und Asche.

Das Arisaka-Gewehr war der Nachfolger des Murata-Gewehrs. Es gab verschiedene Varianten davon, wie eine zerlegbare Version für Fallschrimtruppen.

Mit der sogenannten Meji-Restauration im Jahr 1867 begann ein Weg für Japan, der viele alte Eliten hinwegfegte, neue Machtgefüge schuf und vor allem in einen Expansionismus mündete, mit dem der Anschluss an andere moderne Mächte geschafft werden sollte.

Es mag kaum zu glauben sein, aber schon wenige Jahrzehnte später etablierte sich das lange Zeit vergessene Land im Pazifik als eine regionale Macht. Das fand seinen Grund unter anderem darin, dass man Experten in die ganze Welt schickte, um auf allen relevanten Gebieten Informationen zu sammeln, diese für sich zu adaptieren und zu modernisieren – mit unterschiedlichem Erfolg.

Was die Bereiche anging, so war es nur verständlich, dass man sich ebenso für moderne Waffen interessierte. Ein Produkt war das Murata-Gewehr, das zum Standard der japanischen Truppen avancierte. Doch schon zum Ende des 19. Jahrhunderts, genauer gesagt im Ersten

Das Arisaka-Gewehr Typ 38 fasst fünf Patronen und hat im Gegensatz zum Karabiner (oben) einen geraden Kammerstängel.

Blick von unten auf die Abzugspartie mit Magazinschacht der Waffen. Konstruktiv handelt es sich beim Arisaka um einen Schließspanner und nicht wie vielfach angenommen um einen Kurvenspanner.

Japanisch-Chinesischen Krieg von 1894/95 zeigte sich, dass es bessere Waffen gab. So wie das deutsche Gewehr 88, das man bei den chinesischen Gegnern fand.

Daraufhin berief man Kommissionen ein, die sich des Problems annehmen sollten. Unter anderem entwickelte man die 6,5-mm-Patrone. Ein anderes Ergebnis war im Jahr 1897 die Einführung des Gewehrs Typ 30, einer Weiterentwicklung des Murata-Gewehrs, das konstruktiv eine Melange aus japanischen Ideen und Konstruktionen von Mannlicher und Mauser bildete. Allerdings scherten sich die Japaner keineswegs um irgendwelche Patentverletzungen oder andere Dinge, sondern konzentrierten sich auf ihre Waffen.

Das Verschlusssystem der neuen Waffe – auf die

6,5-mm-Patrone ausgelegt – bestehend aus der Kammer, die wiederum den Schlagbolzen und die Schlagbolzenfeder aufnahm, verfügte über einen separaten Mannlicher-Verschlusskopf. Zwei Warzen greifen bei der Konstruktion zum Verriegeln im Hülsenkopf ein, und Auswerfer und Auszieher befinden sich beide am Schloss. Was das Nachladen anging, so verfügten diese Gewehre über Mausermagazine, in denen die Patronen versetzt lagen und einzeln oder per Ladestreifen in die Magazine kamen. Dieses System behielt man übrigens auch bei den Nachfolgern bei.

Bis ins Jahr 1900 waren die Murata-Waffen gegen die neuen Gewehre ausgetauscht, die man auch schlicht und einfach nach dem Leiter der Entwicklung Arisaka nannte. Aber es zeigte sich schnell, dass das neue Gewehr keineswegs schon fronttauglich war. Vor allem der Russisch-Japanische Krieg von 1904/05 zeigte, dass man noch einiges zu ändern hatte. Dies mündete schließlich in die Entwicklung des Arisaka Typ 38.

Wenig bekannt dürfte dagegen sein, dass es zwischen dem Typ 30 und dem Typ 38 noch eine weitere Waffe gab: den Typ 35.

Für den Typ 35 zeichnete die japanische Marine verantwortlich. Es gab bei den Truppen des Tenno zwei große Säulen: das Heer und die Marine. Beide waren zwar aufeinander angewiesen, doch standen sie auch im Wettstreit um Ressourcen und Einfluss.

Die Marine bemühte sich schon früh, auf die Einführung eines neuen Gewehres zu drängen. Denn ihr Typ 22 Murata-Gewehr war ebenso veraltet wie das des Heeres. Nur wollte man eben ein eigenes Gewehr haben. So kam es dazu, dass man im Jahr 1902 das Arisaka Typ 35 in Dienst stellte. Dabei handelte es sich um eine geänderte Version des Typs 30. So verfügte es über ein Kurvenvisier und einen leichten Verschlussbahndeckel, der sich über dem Schloss und dem vorderen Teil des Gehäuses hin und her bewegte, von Hand betätigt und in zwei Stellungen arretiert werden konnte.

Bis ins Jahr 1905 kamen rund 30.000 Gewehre dieses Typs aus den Fabriken, von denen jedoch heute nur noch wenige existieren. Dies dürfte auf eine einfache Tatsache zurückzuführen sein: Wenn diese Waffen an die Kaiserliche Marine gingen, die im Zweiten Weltkrieg immensen Schiffsraumverlust zu verzeichnen hatte, sanken mit den Schiffen und Matrosen natürlich auch die Gewehre auf den Grund des Ozeans.

Daneben gab es übrigens noch eine weitere Langwaffe, die man für die Kaiserliche Marine beschaffte. Das Shiki Shoju Typ 1 stellt dabei eigentlich nicht anderes dar, als ein abgeändertes Mannlicher-Carcano-Gewehr italienischer Fertigung. Bis ins Jahr 1937 bekam die Marine ihre Gewehre aus den Heeresarsenalen, was sich aber in Folge des Zweiten Japanisch-Chinesischen Krieges änderte, worauf man sich nach einer anderen Bezugsquelle umsehen musste. Exakte Zahlen zu diesem Gewehr existieren nicht. Man geht heute aber davon aus, dass mehrere Zehntausend hergestellt wurden.

Das Maß aller Dinge sollte aber in jedem Fall das Arisaka Typ 38 werden, welches aus dem Vorgänger entwickelt wurde.

Wie erwähnt, zeigte sich das Arisaka Typ 30 nicht so stark, wie es die Japaner gerne gehabt hätten. Vor allem den Auszieher und Auswerfer am Schloss zu befestigen, erwies sich im Nachhinein als misslungen. Und wie es eben typisch war, nahmen sich die Konstrukteure die Waffe erneut vor und nahmen Veränderungen vor.

Als Vorlage für die neue Waffe diente dabei übrigens das deutsche Gewehr 98. Den Auswerfer platzierten die Japaner beim Typ 38 an das linke Ende der Hülse. Das Schlösschen bekam eine kleine vorstehende »Nase«. Das Kreuzteil der Hülse und Abzugsbügel-/Magazinkastenboden-Bauteil nahmen an Größe zu, um den Kolbenhals zu verstärken. Auch beim Verschlussbahndeckel legten die Japaner Hand an. Beim Typ 38 war er mit dem Kammerstängel verbunden und bewegte sich mit diesem.

Belegt sind als Produktionsstätten des Typs 38 fünf Arsenale. Da die heimischen nicht ausreichten, baute man diese Waffe auch in den besetzten Ländern. Tokyo Arsenal, Nagoya Arsenal und Kokura Arsenal stellten den Typ 38 auf den japanischen Inseln her, dazu kamen das Mukden/Hoten Arsenal in China und das Jinsen Arsenal in Korea. Die Produktionszahlen dieses Gewehrs

Blick auf das Visier eines Arisakas. Man erkennt, dass einiges an Ausbildung nötig war, um den Soldaten dahin zu bringen, damit er auf unterschiedliche Distanzen das Gewehr so einsetzen konnte, wie er es sollte.

beliefen sich auf mehrere Millionen Stück.
Eine weitere Abwandlung dieses Typs war der Kavallerie-Karabiner Typ 44. Dabei handelt es sich um ein Modell des Typs 38, das über ein klappbares Nadelbajonett verfügt und einen kompliziert aufgebauten Mündungsring. Legt man die Messlatte entsprechend eng na, sop gab es sogar drei verschiedene Typen des Arisaka 44, wobei sich jedes in puncto der Bajonetthalterung unterschied. Außerdem gab es noch eine Version speziell für Fallschirmtruppen mit einem klappbaren Hinterschaft. Nicht ganz 100.000 Stück sind von dieser Ausführung des Typs 38 produziert worden.
Eine weitere Sonderausführung des Modells Typ 38 war das Modell Typ 97. Es kam erst im Jahr 1937 zur Truppe und war nichts anderes als die Scharfschützenversion des Ausgangsgewehrs. Es kam im Chinesisch-Japanischen Krieg zum Einsatz. Es bekam ein Zielfernrohr Typ 97 mit 2,5-facher Vergrößerung, das links an der Hülse ange-

System samt Verschlussbahndeckel eines Arisakas. Gut gedacht, in der Praxis nicht unbedingt tauglich.

Blick auf die Systemhülse. Die Japaner verstanden es, Eigenschaften anderer Waffen zu adaptieren und für eigene Zwecke zu modifizieren.

bracht war. So konnte die Waffe noch immer mit Ladestreifen geladen werden. Zur besseren Stabilität nutzte man ein Rahmen-Einbein aus Draht, und um die Entdeckung des Schützen zu erschweren, bekamen die Scharfschützen spezielle rauchlose und mündungsfeuerfreie Spezialpatronen ausgehändigt.

Man erkennt, dass der Typ 38 sehr lange Zeit im dienst war. Er blieb es auch bis zum Ende des Zweiten Weltkrieges, da die Japaner es nicht schafften, flächendeckend ein neues Gewehr einzuführen, das es aber gab, nämlich das Arisaka Typ 99.

Seit dem Jahr 1937 befand sich das Kaiserreich mit China im Krieg. Hier zeigte sich, dass der Standard Typ 38 zu unhandlich war. Mit aufgepflanztem Bajonett war es größer als der durchschnittliche japanische Soldat. Zuerst versuchte man, Typ 38 Gewehre auf das größere Kaliber umzurüsten. Im Jahr 1938 schickte man 300 Typ 38 Arisakas auf den Futsu Übungsplatz. Die Ergebnisse waren niederschmetternd. Also musste ein anderes Gewehr her.

Und wieder machten sich die Konstrukteure daran, aus dem vorhandenen Gewehr eine bessere Version zu schaffen, die man schließlich im Jahr 1939 vorstellte.

Der neue Typ 99 verschoss zudem auch eine neue

Blick auf Frontpartie und Korn. Im Jahr 1938 begannen Arbeiten, um den alten Tyxp 38 zu modernisieren. Das führte zu Versionen wie dem Typ 99.

Patrone und zwar im Kaliber 7,7 Millimeter. Dieses kam schon bei den MGs Typ 92 und Typ 97 zum Einsatz und sollte sich nun ebenfalls bei der Infanterie bewähren. Denn das bisher gebräuchliche Kaliber 6,5 Millimeter zeigte sich in der Laborierung als zu schwach und war zu anfällig für Wind.

Dazu kam dann gleich noch das erwähnte Gewehr Typ 99, das man für die Massenfertigung freigab

Früh übt sich: Bei dieser Aufnahme aus dem Jahr 1942 sieht man, dass die Japaner schon in der Schule ihren Nachwuchs an Waffen ausbildeten.

und in einer langen Version für die Infanterie und einer kürzeren Version für die Kavallerie, Artillerie und andere Spezialtruppen beschaffte. Ende des Jahres 1939 verzichtete man dann aber zugunsten der kurzen Version auf die lange, da sich erstere eben überall einsetzen ließ. Hier traten eine ganze Reihe von Verbesserungen zutage. So verfügte das Arisaka Typ 99 über eine Stütze, und ein Visier, mit dem es auch gegen Tiefflieger zum Einsatz kommen konnte. Es war zudem leichter und kürzer als der Vorgänger.

Vom Arisaka Typ 99 gab es auch noch eine Scharfschützenausführung. Mit einem Zielfernrohr Typ 2 mit vierfacher Vergrößerung versehen, war die Optik nach links versetzt, um die Waffe nach wie vor mit Ladestreifen aufmunitionieren zu können. Davon sollen aber nur um die 10.000 Waffen produziert worden sein.

Auch vom Typ 99 gab es eine Version für Fallschirmjäger, die sich in zwei Teile zerlegen ließ – das Typ 100. Doch diese Ausführung bewährte sich nicht. Mittels Steckgewinde verbunden, kam es vor, dass sich nach längeren Schussfolgen die Verbindung lockerte. Dies führte zur Schaffung des Typs 2 Fallschirmjägergewehrs im Jahr 1943. Hier diente ein Querkeil der festen Verbindung der beiden Gewehrteile. Davon stellte man jedoch nur wenige her, wie überhaupt aufgrund des schlechten Kriegsverlaufs die Qualität der Waffen durch die Verwendung von Holz und Metall minderer Güte stark nachließ. Dies zeigt sich nachfolgend beim Arisaka Typ 99 Modell 2 und Modell 3. Hier gehörten minderwertiger Stahl und Werkzeugspuren zu den »Ausstattungsdetails«. Die Kolbenplatte bestand in der Regel aus Sperrholz, manche Gewehre hatten keinen Handschutz. Anstelle des Stangenvisiers kam ein festes Visier zum Einsatz. Dies blieb dann bis Kriegsende der Standard. Die Lage war sogar so aussichtslos, dass es Überlegungen und Versuche gab, einschüssige Ge-

Modell	Typ 30	Typ 30 Karabiner	Typ 38	Typ 44 Karabiner	Typ 99	Typ 99 Scharf-schützen-gewehr
Kaliber	6,5 mm	6,5 mm	6,5 mm	6,5 mm	7,7 mm	7,7 mm
Gewicht	3,85 kg	3,2 kg	3,95 kg	3,3 kg	3,79 kg	4,42 kg (mit ZF)
Länge	1280 mm	964 mm	1275 mm	966 mm	1117 mm	1115 mm
Lauflänge	797 mm	480 mm	797 mm	487 mm	654 mm	662 mm
Magazin	5 Patronen	5 Patronen	5 Patronen	5 Patronen	5 Patronen	5 Patronen
Produktion	ab 1897	ab 1897	1905 bis 1945	1911 bis 1945	1939 bis 1945	1941 bis 1945
Verschluss	Zylinder	Zylinder	Zylinder	Zylinder	Zylinder	Zylinder
Ladeprinzip	Mehrlader	Mehrlader	Mehrlader	Mehrlader	Mehrlader	10 Schuss

wehre herzustellen, die die Arisaka-Patrone verschießen sollten. Doch das misslang und das Ende des Krieges unterband weitere Versuche in dieser Richtung.

Will man die Waffe als solche bewerten, so lässt sich sagen, dass die Arisakas aller Typen gute Gewehre waren. Der Schwachpunkt war mitunter die Munition und/oder die Wirtschaftskraft des Landes Japan. Der Typ 38 war zu lange im Dienst beziehungsweise man modernisierte ihn nicht schnell genug – bei Selbstladegewehren schaffte man so nicht den Anschluss an andere Nationen im Zweiten Weltkrieg. Der Typ 99 kam zu spät und nicht in ausreichender Stückzahl. Als Japan dann unter dem Mangel an Rohstoffen litt und sich auf Flugzeuge und Schiffe konzentrierte, fielen die Arisakas mehr oder minder hinten runter. Doch täuscht es eben darüber hinweg, dass mit diesen Gewehren Japan einen großen Teil Ostasiens unter seine Kontrolle brachte.

Exkurs: Wen die Bezeichnung der japanischen Gewehre etwas verwirrt, dem sei gesagt, dass die Benennung nach einem bestimmten Muster erfolgte. Das Arisaka Typ 38 etwa ist nach dem Einführungsjahr 1905 benannt, das gleichzeitig auch das 38. Thronjahr des damals amtierenden

Rechts: Zwei japanische Soldaten aus der Zeit des Boxeraufstands in China, hier noch mit dem Murata-Gewehr bewaffnet. Das Arisaka als Nachfolger konnte jedoch die Erwartungen nicht erfüllen.

Öfter mal was Neues

Das Niederländische Geweer M 1895

Die Niederlande mussten schon wenige Tage nach dem deutschen Einmarsch kapitulieren. Danach gingen viele der Waffen an die Wehrmacht, die sie in ihre Reihen überführte. Dabei war auffällig, dass die kleinen Niederlande ein großes Arsenal an verschiedenen Gewehren in den Beständen hatten, mit dem man so nicht rechnen würde.

Das Geweer Model 1895 war die Basis, auf dem andere Waffen der niederländischen Armee beruhten. Dabei handelt es sich im Grunde um eine modifizierte Version des rumänischen Modells 1893. Die größte Gemeinsamkeit: Beide verschossen die gleichen Patronen im Kaliber 6,5 Millimeter. Ein integiertes Magazin machte das Laden etwas schwierig. Bei der Visierung unterschieden sich die Waffen wieder. So hatte die niederländische Variante eine andere Kimme. Auch was das Bajonett oder besser gesagt dessen Halterung angeht, gab es Abweichungen zu der Version aus Osteuropa. Die Niederlande folgten hier dem britischen Muster, wie es etwa bei den Lee-Metford oder den Lee-Enfield-Gewehren zu finden war.

Und natürlich gab es auch Karabiner-Varianten dieser Waffe. Aber nicht nur eine oder zwei, sondern derer gleich elf Stück.

Der »Karabjin Model 1895 aantal 1 OM«, war eine gekürzte Version des Gewehrs. Das Kürzel OM steht dabei für »altes Model« (oud model). Man veränderte den Schaft, brachte an der linken Seite Riemenbügel an und nutzte dafür sogar ein Bajonett – und zwar jenes vom alten Beaumont-Gewehr von 1871.

Wo es ein »altes Model« gab, musste es natürlich auch ein »neues Modell« (nieuw model) geben: den »Karabijn Model 1895 aantal 1 NM«. Hier modifizierte man das alte Modell nur geringfügig, indem man einen normalen Schaft nutzte und auch die Bajonetthalterung derart gestaltete, dass man ein solches mit einer kurzen Klinge verwenden konnte.

Den Abschluss dieser Reihe bildete der »Karabjin Modell 1895 aantal 1«. Hierbei handelt es sich um eine Ausführung für die Kolonien, die eigentlich dem NM-Modell entspricht, die aber einen anderen Kammerstängel hatte und ohne Handschutz daher kam.

Was nun die »Karabjin Modell 1895 aantal 2 OM« und »Karabjin Modell 1895 aantal 2 NM« anging, so nutzten die erste Version in erster Linie die niederländischen Gendarmen. Sie verfügte über ein klappbares Kreuzbajonett, einen quer abstehenden Kammerstängel und Riemenbügelaufnahmen an der Seite des Vorderschafts und auf der

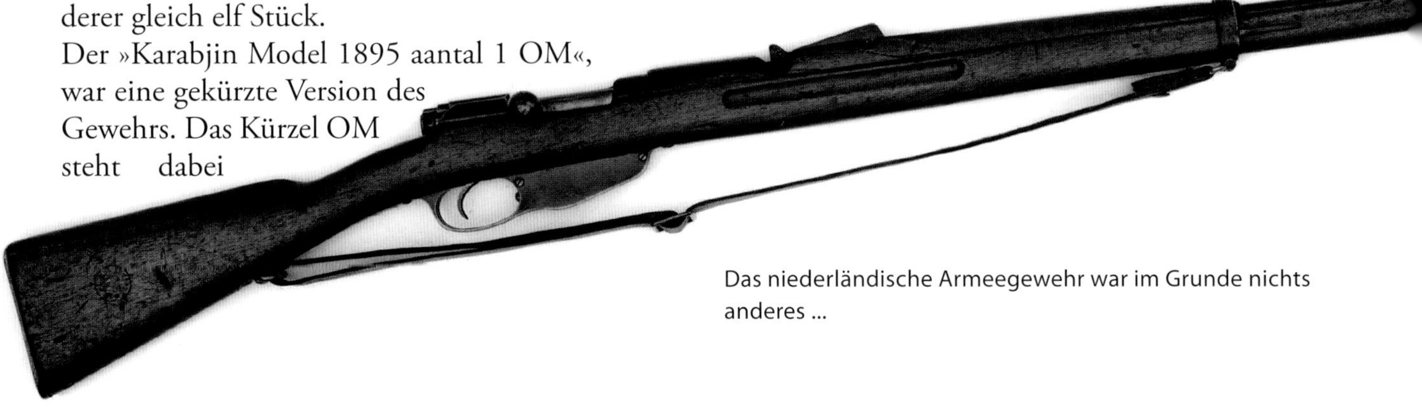

Das niederländische Armeegewehr war im Grunde nichts anderes ...

Unterseite des Hinterschaftes. Die zweite Version war vergleichbar mit der OM-Ausführung, doch hatte man die dort gebräuchliche Magazinerweiterung an eine andere Stelle versetzt.
Von den »aantal 3« Modellen gab es gleich drei Versionen. NM und OM, wobei zweiteres vor allem durch den ungewöhnlichen Handschutz auffiel, der weit nach vorne ragte. Ein gerader Kammerstängel und Riemenbügelaufnahmen gehörten weiter zur Ausstattung, wohingegen das NM nur durch die Magazinerweiterung auffiel. Beide Modelle waren für die Verwendung des Bajonetts mit einer Klingenlänge von 483 Millimetern konzipiert. Der Karabiner »Karabjin Modell 1895 aantal 3 gewijzigd« klingt erst einmal nach einer ganz speziellen Version, aber hier änderte sich nur eine Sache, nämlich die Positionen der Riemenbügelösen, die sich auf der Seite und am Hinterschaft wiederfanden.
Auch bei der vierten Ausführung gab es wieder die Modelle NM und OM. Sie folgten der gleichen Benamung wie die anderen Versionen. Das OM-Modell verfügte über einen Standard-Handschutz und Vorderschaft, was es von der 3er-Variante abhebt, wo man den langen Handschutz hatte. Die Riemenbügelaufnahmen finden sich hier an der Seite. Beim NM war wieder nur die Magazinerweiterung zu finden. Beide Ausführungen nutzten das gleiche Bajonett.
Vom »Karabjin Modell 1895 aantal 5« gab es jedoch nur eine einzige Version. Es entstand aus gekürzten Infanteriegewehren vom Geweer 1895 und soll vornehmlich bei Einheiten der niederländischen Luftwaffe im Einsatz gewesen sein. Das Standard-Infanteriebajonett kam hier zum Einsatz. Handschutz und Vorderschaft entsprachen den aantal 4 Versionen. Ein gerader Kammerstängel, Riemenbügelaufnahmen auf der linken Seite des Vorderschaftes und auf der Unterseite des Hinterschaftes und ein ungeschütztes Magazin gehörten ebenfalls zu dieser Spielart.
Als der Erste Weltkrieg, in dem die Niederlande ihre Neutralität wahrten, sich seinem Ende zuneigte, erschien noch das Geweer Model 1917. Der größte Unterschied zu den Vorgängern bestand sicherlich in dem neuen Kaliber, das die Waffe verschoss. Anstelle des bisher gebräuchlichen Kaliber 6,5 Millimeter, änderte man das Kaliber auf 7,92 Millimeter ab. Auch ansonsten glich man die Waffe an, die heute zu den gesuchten Sammlerstücken zählt.

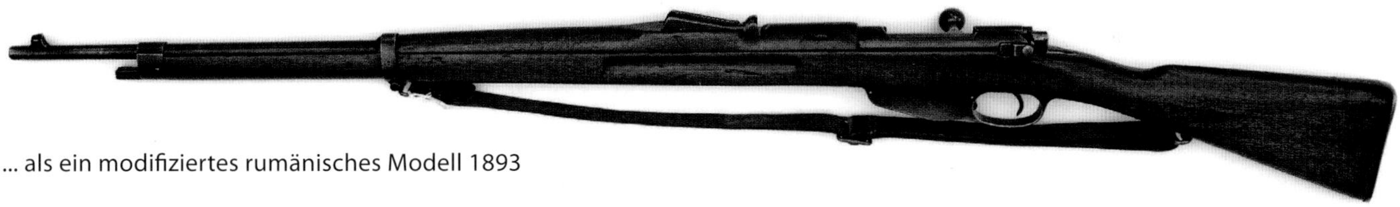

... als ein modifiziertes rumänisches Modell 1893

Geweer Model 1895	
Länge:	1295 mm
Lauflänge:	790 mm
Kaliber:	6,5 mm
Gewicht:	4,39 kg
Mündungsgeschwindigkeit:	730 m/s
Kapazität:	5 Schuss

M1893 Veränderungen

Rumäniens Mannlicher-Adaption

Wie viele andere Länder, so stand auch Rumänien im Zweiten Weltkrieg im Schatten der großen kriegführenden Nationen. Auf der Seite der Achse kämpfend, mussten die Rumänen schnell als Sündenböcke herhalten, wenn es für die Wehrmacht nicht so lief, wie man sich das vorstellte. Das beste Beispiel dafür war die Schlacht von Stalingrad, wo man den rumänischen Truppen die Einschließung und die Vernichtung der 6. Armee anlastete. Dass es die Deutschen selbst waren, die die rumänischen Verbände eben an die Flanken schickten und Warnungen vor einem russischen Großangriff ignorierten, verschwieg man lieber.

Aber allgemein war es nicht gut bestellt um die rumänische Armee, auch was ihre Ausrüstung anging. Man zog in den Zweiten Weltkrieg auf dem technischen Stand des Ersten Weltkrieges, wenn man es etwas vereinfacht ausdrücken möchte.

Oben sieht man den Stempel auf dem Gewehr …

Das offizielle Gewehr der rumänischen Armee war das Modell 1893 im Kaliber 6,5 Millimeter. Es basiert auf dem Modell 1892 mit Mannlicher-System, das auch die Niederlande für sich adaptierten. Vor dem Modell 1893 nutzten die Rumänen aber noch das Modell 1892, aber mehr in Form eines Prototypen. Man nahm verschiedene Veränderungen vor, um die Waffe den eigenen Bedürfnissen anzupassen.

So wanderte der Auszieher auf die linke Seite, man nutzte andere und schmalere Magazine für die randlose Munition und auch in anderen Aspekten unterschied sich die rumänische Waffe von anderen Mannlicher-Systemen der Zeit.

Eine seitliche Bajonetthalterung gehörte außerdem noch zu diesem Modell.

Neben dem normalen M1893 gab es auch noch eine Karabiner-Version. Dabei handelt es sich um eine gekürzte Version, die man im gleichen Jahr als »Carbine Modell 1893« einführte und die für berittene Einheiten bestimmt war. Den Kammerstängel bog man nach unten und die Bajonetthalterung entfiel genauso wie der Stapelhaken.

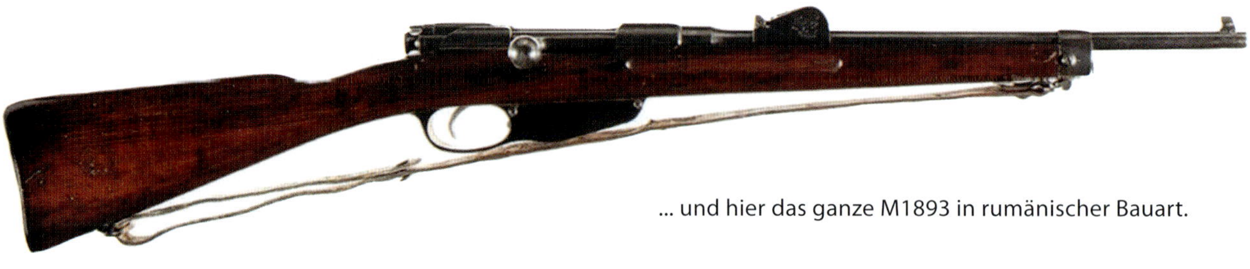

… und hier das ganze M1893 in rumänischer Bauart.

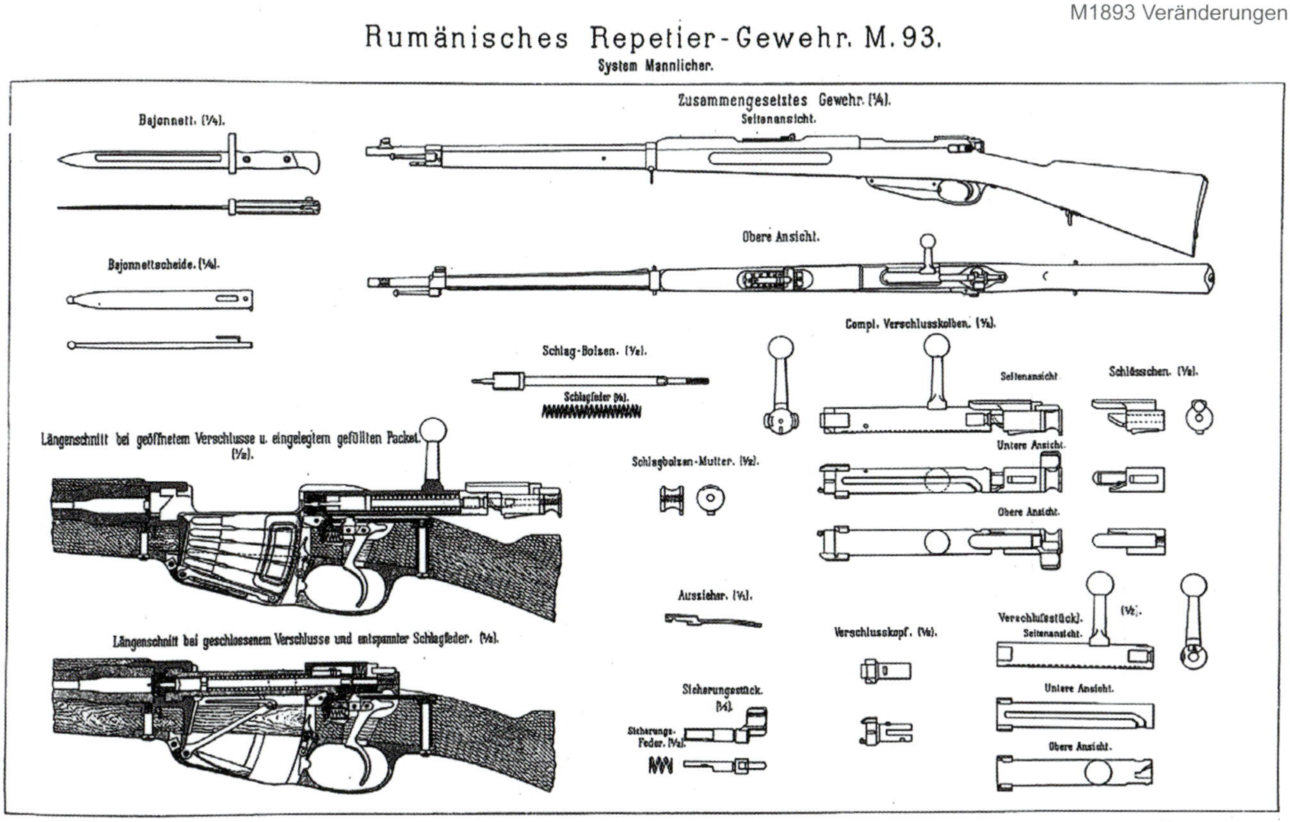

Zeichnung des rumänischen M93 mit allen wichtigen Details.

Das M1893 basierte auf dem Mannlicher-System mit ein paar Änderungen.

M1893 mit Laderahmen samt Patronen.

Modell 1893:	
Länge:	1232 mm
Lauflänge:	725 mm
Kaliber:	6,5 mm
Gewicht:	4 kg
Mündungsgeschwindigkeit:	730 m/s
Kapazität:	5 Schuss

Mosin-Nagant

Russlands Standardwaffe

Das Ende des 19. Jahrhunderts war geprägt von bahnbrechenden Entwicklungen auf dem Waffensektor. Diese speisten sich aus dem Wunsch der jeweiligen Nationen, nicht schwächer zu sein als eine andere. Europa verharrte in dieser Zeit in einem fragilen Gleichgewicht der Kräfte. Nachdem das Deutsche Reich nach dem Krieg von 1870/71 quasi als letzte große Nation das internationale Parkett betrat, hatte man sich vordergründig im Frieden eingerichtet, doch im Hintergrund begann schon das Säbelrasseln.

Im zaristischen Russland herrschten für den Großteil der Bevölkerung prekäre Lebensverhältnisse. Das Land verharrte in weiten Teilen militärisch und wirtschaftlich noch in vergangenen Jahrhunderten. Doch die moderne Kriegsführung machte es nötig, sich mit dieser Thematik zu beschäftigen, wollte man nicht den waffentechnischen Anschluss an die anderen Nationen verlieren.
So entstand die Forderung nach einem neuen Standardgewehr für die Soldaten des Zaren, da das alte Berdan-Gewehr seine Schuldigkeit getan hatte.

Russische Infanterie mit der Schirmmütze M1907 und dem Tüllenbajonett auf den Gewehren.

Nagant überall: Selbst auf solchen Plakaten war die Waffe allgegenwärtig, die die russischen Soldaten in zwei Weltkriegen führen sollten.

Hier sieht man das Modell Mosin-Nagant M1891, das in vielen Arsenalen entstand, so etwa in Ischwesk, Tula oder auch in Sestroretsk.

Und die Wahl sollte auf eine Waffe fallen, die zum Inbegriff des sowjetischen Standardgewehrs des Ersten und des Zweiten Weltkriegs werden sollte: das Mosin-Nagant, oder einfach Mosin- oder Nagant-Gewehr genannt.
Dabei ist es aber bemerkenswert, welche Modellvielfalt sich rund um diese beiden Wörter entwickelte, denn »das Mosin-Nagant« gibt es nicht.
Aber erst einmal zum Anfang zurück.
Im Jahr 1883 begannen die Überlegungen um die Nachfolge der Standardbewaffnung für die zaristischen Soldaten, die schließlich im Jahr 1890 dazu führten, dass zwei Modelle zur Wahl standen. Einmal jenes des Waffenkonstrukteurs Oberst Sergei Iwanowitsch Mosin und dasjenige des belgischen Waffenbauers Léon Nagant. Am Ende obsiegte zwar der Entwurf von Nagant, doch wollte man auch Elemente aus dem Entwurf des Russen Mosin mit in das neue Gewehr integrieren. Daher der Name: Mosin-Nagant.
Aber auch andere Konstrukteure werkelten an der neuen Waffe mit, wie etwa der tschechische Waffenbauer Karel Kruka, der ein paar Änderungen vornahm.
Eine andere Bezeichnung, die für diese Waffe ebenfalls verwendet wird, lautet »Dreiliniengewehr«. Dies bezieht sich auf das Kaliber des Gewehrs in der Einheit »Linie«. Und drei Linien ergaben eben das Kaliber 7,62 Millimeter, welches der Karabiner verschießt.
Gleichzeitig mit dem neuen Gewehr entstand auch eine ganz neue Munition, um auf diesem Gebiet ebenfalls Schritt zu halten. So gehörte zu der Waffe eine neue 7,62-mm-Randpatrone mit einem Rundkopfgeschoss. Die offizielle Kaliberbezeichnung lautet: 7,62 x 54 mm R.

Man entschied sich also dazu, dieses neue Gewehr für die Armee des Zaren anzuschaffen. Das Problem bestand jedoch darin, dass Russland weit davon

An dieser zeitgenössischen Zeichnung erkennt man, dass das Nagant-Gewehr sehr lang war und entsprechend unhandlich – vor allem wenn noch das Bajonett befestigt war. Alsbald sollte es aber eine ganze Reihe von Varianten geben.

Eine Rarität und bei Sammlern gesucht: Ein Mosin-Nagant M91, aber nicht aus russischer Fertigung. Dieses Stück stammt aus der Fertigung von Remington in den USA.

entfernt war, ein durch und durch industrialisierter Staat zu sein. Entsprechend lange hätte es gedauert, die Truppen mit den Waffen auszustatten. Daher erteilte man den Produktionsauftrag an andere Nationen. Das Kaiserliche Arsenal Chatellerault in Frankreich, die Industriegesellschaft Neuhausen/Rhein in der Schweiz und die Österreichische Waffenfabrik Steyr in Österreich-Ungarn begannen so, das Mosin-Nagant herzustellen. Was die Qualität der Waffen anging, so waren vor allem die der Eidgenossen und aus k.u.k Fertigung sehr weit vorne. Doch im Laufe der Jahre steigerten auch die Russen ihre Fähigkeiten und konnten alsbald selbst mit der Produktion der Gewehre beginnen. In Tula und in Sestroretsk startete in den Jahren 1894/95 die Her-

Russische Soldaten im Ersten Weltkrieg marschieren die Schienen entlang. Es gab einfach nicht genug Züge, um die Truppen zu transportieren. So hieß es dann: Folgt den Schienen.

Die kühlen Skandinavier

Carl Gustaf und Krag-Jørgensen

Auch wenn Schweden im Zweiten Weltkrieg neutral blieb, so hatte diese Nation doch ein Gewehr in seinem Arsenal, das auch heute noch anzutreffen ist – auf den sportlichen Schießständen. Für dieses Gewehr hat sich zudem eine eigene Bezeichnung eingebürgert, die allerdings etwas irreführend ist: Schwedenmauser.
Allerdings gehören die Waffen nicht zur Familie der 98er, dafür aber zur Mauser-Familie. Und sie gehören zur Vorgeschichte der 98er beziehungsweise gelten als Vorstufe.

Mit der Einführung des rauchlosen Pulvers gegen Ende des 19. Jahrhunderts forderte auch das schwedische Militär ein neues Gewehr.
Bis dahin gehörten Gewehre des Typs Jarmann M 1884 zur Ausrüstung der schwedischen Soldaten. Diese nutzen noch die alte Schwarzpulvermunition mit entsprechend weniger Leistung.
Mit Norwegen zusammen – mit dem Schweden zu dieser Zeit eine Union bildete – einigte man sich gleich auch noch auf eine neue Patrone: 6,5x55 mm.

Stempel auf der Hülse des M96 mit dem Herstellungsjahr 1907.

Soldaten 1905 in Stellung mit Krag-Jørgensen-Gewehren.

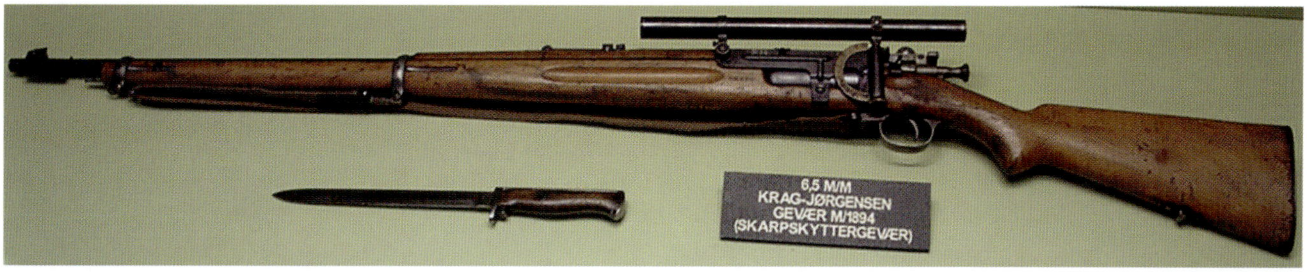

Krag-Jørgensen-Gewehr, hier noch mit einem Zielfernrohr für den Scharfschützeneinsatz versehen.

Hinter Glas: Ein norwegisches Krag-Jørgensen samt Bajonett und Gewehrriemen.

Schwedenmauser ist eigentlich ein irreführender Begriff, der auf eine spätere Prägung zurückgeht, denn ...

... die Schweden gehören nicht zur Familie der 98er, sondern sind mehr eine Vorstufe zu diesem System, auch wenn es Ähnlichkeiten gibt.

Aber wer sollte es bauen? Schweden orderte einige Prototypen in dem neuen Kaliber bei den deutschen Mauser-Werken und ging mit den Oberndorfern schließlich einen Lizenzvertrag ein. So stammten die ersten schwedischen Gewehre noch von Mauser, was wohl auch dazu beigetragen haben dürfte, den Begriff »Schwedenmauser« zu prägen. Die Stückzahl belief sich auf etwa 57.000 Stück.

Ab dem Jahr 1901 baute man die Gewehre dann nur noch in Schweden selbst und zwar in erster Linie bei der Carl Gustafs Stads Gevärsfaktori. Das Gewehr wurde 1896 offiziell eingeführt und blieb, wenn auch in vielfach abgewandelter Form, mehr als acht Jahrzehnte im strukturellen Einsatz. Daher auch die Bezeichnung M/96 (es gab allerdings auch noch eine Karabiner-Version M/94).

Carl Gustaf aus dem Jahr 1907: Man sieht der Waffe die mehr als 110 Jahre nicht an - Pflege ist bei diesen Waffen alles. Dieses Modell befindet sich sogar noch im sportlichen Einsatz.

Blick auf das System eines Schwedenmausers.

Hinterschaft eines M96. Heute gehören die Schwedenmauser zu den beliebtesten Waffen beim Ordonannzschießen.

dass die Konstrukteure noch einmal an die Überarbeitung gingen. Der ursprüngliche Prototyp verfügte über ein zehnschüssiges Magazin und wurde für zu schwer befunden. Nach den Überarbeitungen nahmen die Dänen die Waffe in ihre Bestände auf. Dort blieb sie, bis die Deutschen im Rahmen des Unternehmens »Weserübung« das Land im Jahr 1940 besetzten.

Interessant an dieser Waffe ist zudem, dass Norwegen – als Herstellerland – die letzte Streitkraft war, die das Gewehr einführte. Im Vorfeld einigte man sich mit dem Unionspartner auf das bereits erwähnte Kaliber 6,5x55 Millimeter. Erst im Jahr 1894 übernahm Norwegen die Krag aus eigener Produktion. Es blieb bis zum Zweiten Weltkrieg bei der norwegischen Armee, bis das Land von den Deutschen (wie Dänemark) besetzt wurde.

Das Besondere an dieser Waffe dürfte wohl das fest eingebaute Magazin sein. Die Patronen liegen

Krag-Jørgensen	
Kaliber:	6,5 mm
Länge:	1263 mm
Lauflänge:	763 mm
Gewicht:	4100 g
Kapazität:	5 Schuss
Mündungsgeschwindigkeit:	730 m/s

hier in einer Reihe quer unter dem Verschlusszylinder. Eine Kurve sorgt dafür, das die Patrone in die richtige Position bewegt wird. Aufmunitioniert wird das Gewehr mit Einzelpatronen. Ein Nachteil des Krag-Systems war aber, dass der Verschlussmechanismus nicht so robust war. Das ganze System verriegelt nur mit einer einzigen Verschlusswarze. Stärker geladene Munition konnte so unter Umständen gefährlich werden. Eine Umrüstung auf stärkere Kaliber war unmöglich.

Und selbstverständlich gab es auch verschiedene Ausführungen des Krag-Jørgensen, die auch bei den Deutschen Verwendung fanden. Das Gevaer M/1894 kam so als »6,5 mm Gewehr 212 (n)« zu den Truppen, die es aber hauptsächlich nur für die Besatzungseinheiten nutzten.
Daneben gab es mit dem Kavalerikarabin M/1894 auch noch eine spezielle, kurze Version (Gesamtlänge: 1051 mm) für die Kavallerie, die als »6,5 mm Karabiner 411 (n)« zu den Besatzungstruppen, aber auch zu Ausbildungseinheiten kam.
Es gab aber noch eine zweite Kavallerieausführung – Kavalerikarabin M/1895 – der als »6,5 mm Karabiner 412 (n)« die gleiche Aufgabe erfüllte wie der andere Karabiner. Der große Unterschied bestand darin, dass diese Variante keine Bajonetthalterung aufwies.
Auch die Pioniere erhielten mit dem Ingeniorkarabin M/1904 ein eigenes Gewehr, das die Deutschen als »6,5 mm Karabiner 413 (n)« in ihre Reihen übernahmen.
Der »6,5 mm Karabiner 414 (n)« kam als Artilerikarabin M/1907 bei der norwegischen Artillerie als Handwaffe zum Einsatz.
Eine der letzten Versionen des Krag-Jørgensen war der Karabin M/1912, der als »6,5 mm Karabiner 515 (n)« in deutsche Dienste kam.
An den Modellbezeichnungen lässt sich schon erkennen, dass man bei den Waffen ständig an Modernisierungen arbeitete. Dennoch konnte man fundamentale Probleme des Systems nicht lösen, weswegen es nach und nach aus den Beständen verschwand.

Es gab verschiedene Visierungen für die Schwedenmauser. Hier sehen wir eine Schiebevisierung.

Den eigenen Weg gehen

Ungarns Huzagol

Das Ende des Ersten Weltkrieges brachte große Umwälzungen in Europa. Neue Staaten entstanden, alte tauchten wieder auf der Landkarte auf, das althergebrachte und weitverbreitete System der Monarchie kam größtenteils zu Fall.
Die Doppelmonarchie Österreich-Ungarn zerfiel. Neue Länder wie die Tschechoslowakei gingen aus dem Vielvölkerstaat hervor und die Österreicher und Ungarn schieden wieder voneinander.
Auch was die Beschaffung von Waffen anging, strebte Ungarn nun nach größerer Unabhängigkeit. Nachdem man mit dem Modell 1895 eine für die ungarische 8mm 31M Patrone modifizierte Waffe schuf, wollten die Ungarn ein eigenes Gewehr für ihre Truppe entwickeln, das technisch auf dem Mannlicher-System beruhte.
Das Huzagol 35 M war das letzte Modell der Ungarn, das man in der Armee einführte. Es basierte auf dem rumänischen Modell 1893, das man aber umänderte, um die ungarischen Patronen zu verschießen und vor allem kürzte, um eine bessere Handhabung zu garantieren. Das Ergebnis war eine brauchbare und zuverlässige Waffe mit einem zweiteiligen Schaft, mit einem Clip-Magazin für fünf Schuss und einem nach unten gebogenen Kammerstängel.
Auch die Deutschen zeigten sich angetan von dieser Waffe und führten sie in ihren Reihen ein.

Neben dem Standard Huzagol 35M gab es noch ein paar weitere Versionen oder besser Varianten, die sich in Details unterschieden.
Das Gewehr 98/40 ist keine ungarische Armeewaffe, wie man schon an dem deutschen Namen erkennt. Dennoch stammt sie aus Ungarn. Ungarische Fabriken fertigten diese Waffe unter deutscher Regie. Im Jahr 1940 war der Bedarf an Gewehren so groß, dass man deutscherseits kurzerhand das Huzagol 35M nahm, es an die deutsche 7,92-Millimeter-Munition anpasste, das Laden mittels Clip abschaffte und alles nach dem Bedarf der Wehrmacht anpasste, womit man auch das Standardbajonett nutzen konnte.
Basierend auf den Erfahrungen mit dem Gewehr 98/40 überdachten die Ungarn ihre eigene Waffe noch einmal

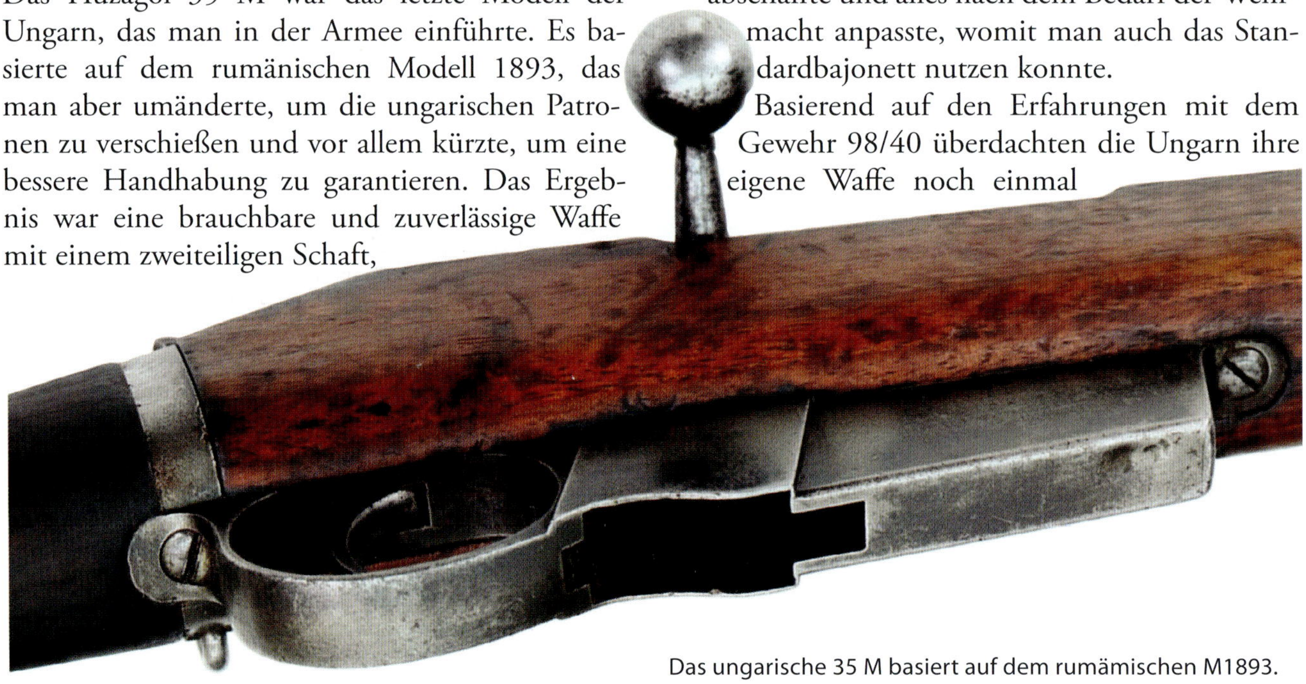

Das ungarische 35 M basiert auf dem rumämischen M1893.

Das 35M war das letzte Modell, das man in die Armee einführte, wenn man von der Modifikation 43M absieht.

selbst. Sie waren von dem Kaliber und den Veränderungen seitens der Deutschen derart überzeugt, dass sie kurzerhand das Gewehr 98/40 als Huzagol 43M in ihre Reihen übernahmen. Lediglich das Mannlicher-System blieb übrig.
Somit lassen sich die Gewehre 98/40 und Huzagol 43M schwer, aber bei einem näheren Blick schnell voneinander unterscheiden – selbst wenn beide das gleiche Kaliber aufweisen.

Huzagol 35M	
Länge:	1110 mm
Lauflänge:	600 mm
Kaliber:	8 mm
Gewicht:	4,04 kg
Mündungsgeschwindigkeit:	730 m/s
Kapazität:	5 Schuss

Abb. rechts: Kurz und bündig: Modellbezeichnung und Ort auf der Hülse.

Der amerikanische Veteran

Das Springfield M1903

Auch wenn die Vereinigten Staaten von Amerika allgemein als führend gelten, wenn es um moderne Waffensystem geht, so war dem nicht immer so. Gerade was die Infanteriebewaffnung zu Beginn des 20. Jahrhunderts – und bis in die Mitte dieser Epoche – angeht, lagen sie recht weit zurück, wie andere Nationen übrigens auch.
Als das 20. Jahrhundert seinen Anfang nahm, entschieden sich die USA dazu, ein neues Standardgewehr einzuführen.

GI im Zweiten Weltkrieg mit einer Scharfschützenversion.

M1917 Enfield-Gewehre oder kurz M17 genannt, die man auf die amerikanische Standard-Patrone abänderte.

Im Amerikanisch-Spanischen Krieg 1898 erkannten die Entscheider, dass die spanischen M93 Mauser Gewehre besser waren als die eigenen. Auch wenn die Amerikaner den Konflikt schlussendlich für sich entschieden, so sah man doch ein, dass ein neues Infanteriegewehr her musste.

Bis dahin hatten sie vor allem Krag-Jørgensen-Gewehre im Dienst, die aber nicht mehr auf dem Stand der Technik waren. Man entschied sich so für ein Modell, das verschiedene konstruktive Merkmale anderer Gewehre in sich vereinigte, so etwa vom Lee-Enfield oder vom Mauser-System. Das Ergebnis war das Springfield M1903 im Kaliber 7,62 Millimeter. Die offizielle Bezeichnung lautete: US Magazine Rifle, Caliber .30 Model of 1903.

Technisch gesehen handelt es sich beim amerikanischen M1903 um einen Zylinderverschluss, der wie beim System Mauser direkt hinter dem Patronenlager verriegelt. Der Sicherungshebel liegt hinten rechts am Verschlussgehäuse. Das Magazin fasst insgesamt sechs Schuss – aber die Standard-Ladestreifen fassen nur fünf Schuss.

Da es zuerst in den Arsenalen von Springfield entstand, bürgerte sich die Bezeichnung »Springfield« ein, selbst wenn die Waffen aus anderen Fabriken stammten. So produzierten auch Remington, Smith-Corona oder das Rock Island Arsenal die Waffen, die von 1903 bis 1943 von den Bändern liefen.

Es war einer der ersten Allrounder, der sowohl von der Infanterie als auch der Kavallerie und anderen Einheiten genutzt werden konnte. Es war kürzer als andere Waffen seiner Zeit, wodurch man eben keine speziellen Versionen für andere Truppengattungen schaffen musste, was wiederum der Produktion sehr zugutekam.

Was nun den ersten militärischen Einsatz der Waffe angeht, so herrscht in den Quellen etwas Uneinigkeit. Es wird aber angenommen, dass der erste Einsatz des Springfield-Gewehrs auf den Philippinen erfolgte, nachdem es zum Philippinisch-Amerikanischen Krieg (1899-1902) kam. Als dort Einheiten stationiert wurden, setzte man anstelle des Krag-Jørgensen das neue Springfield ein.

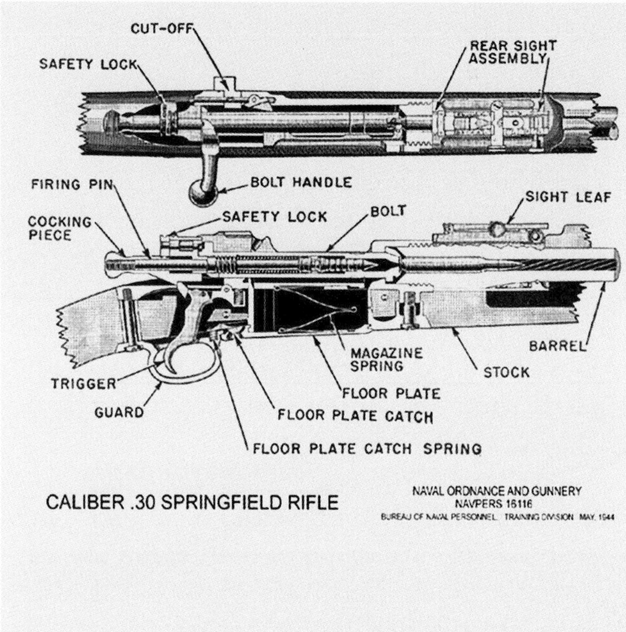

Zeichnung des »Caliber .30 Springfield Rifle«.

Am Strand im Pazifik: Gewehrpyramiden.

Scharfschütze mit M1903 A1 und Unertl-Zielfernrohr mit achtfacher Vergrößerung.

Es dauerte etwa bis zum Jahr 1907, ehe die ganze reguläre Armee der Vereinigten Staaten von Amerika mit der neuen Waffen ausgestattet war.
Und auch vor dem Ersten Weltkrieg konnten die Amerikaner schon praktische Erfahrungen sammeln, waren es doch Einheiten wie die Marines, die etwa 1912 in Nicaragua oder in Vera Cruz 1914, oder in Haiti oder der Dominikanischen Republik das neue Gewehr mit sich führten und von der Waffe begeistert waren.
Bei dem Modell 1903 handelt es sich nämlich um eine gute Waffe von sehr hoher Qualität. Dazu gesellte sich eine exzellente Schießleistung, was ein Grund dafür sein dürfte, dass diese Gewehre so lang im Dienst blieben.
Die USA traten relativ spät in den Ersten Weltkrieg ein und zogen sich nach dessen Ende aus der Weltpolitik weitgehend zurück – der Isolationismus war angesagt. Das brachte es mit sich, dass man es auch was die Modernisierung der Truppe anging nicht sonderlich eilig hatte.
So gehörte das Gewehr Springfield M1903 immer noch zur Ausstattung der amerikanischen Soldaten, als die USA in den Zweiten Weltkrieg eintraten. Und diese Waffe blieb bis zum Kriegsende im Einsatz und sogar darüber hinaus. Doch bis dahin sollte es noch dauern und der »Große Krieg« von 1914 bis 1918 sollte für eine harte Bewährungsprobe sorgen.

Selbst wenn das Gewehr M1903 eine gute Waffe war, so gab es nicht genug Gewehre, um alle Einheiten, die an der Westfront gegen das deutsche Kaiserreich kämpfen sollten, damit auszustatten.

Ein amerikanischer Scharfschütze, diesmal mit einem M1903 A4.

Im April 1918 kommen diese amerikanischen Soldaten in Europa an. Im Gepäck haben sie das M1903.

te Springfield behalten, zumal es seine Leistungsfähigkeit ja vielfach unter Beweis stellen konnte.
Im Jahr 1929 veränderte man die Konstruktion dahingehend, dass man den pistolenförmigen Griff leicht abänderte, um dem Schützen das Zielen zu erleichtern. Das führte schlussendlich zu den Modellen 1903 A1 und 1903 A2.
Schon Mitte der 1930er Jahre sollte der Springfield-Repetierer durch das moderne M1 Garand ersetzt werden. Doch die Produktionskapazitäten reichten nicht aus, um die ganze Truppe damit auszustatten, so dass eben das M1903 bis zum Kriegsende im Dienst blieb.
Auch startete man wieder mit der Massenproduktion des Modells 1903, allerdings in einer Version A3. Diese Ausführung stellte man darauf ab, dass sie für die Massenproduktion kompatibel war, aber dennoch die guten Leistungen der Ursprungswaffe beibehielt. Laufbänder, Magazinplatten und der Abzugsbügel etwa wurden nicht mehr gefräst, sondern im Stanz- und Pressverfahren hergestellt. Eine der offensichtlichsten Veränderungen betraf das Visier, das sich nun weiter hinten auf der Verschlussbrücke befand.
Darüber hinaus gab es noch eine A4 Version, die speziell für Scharfschützen gedacht war. Sie verfügte über keine mechanische Visierung, sondern über ein Zielfernrohr mit 2,5facher Vergrößerung – diese Ausführung erwies sich als so gut, dass sie sogar noch im Koreakrieg im Einsatz war. Und selbst während des Vietnam-Krieges traf man noch Waffen dieser Ausführung an, was beweist, um was für eine gute Konstruktion es sich bei dieser Waffe handelt.
Eine ganz spezielle Version war dann das Springfield M1903 Mark I. Dabei handelt um eine Ausführung mit Pedersen-System, sodass die Waffe auch halbautomatisch funktionierte. Aber das Auftauchen das Garand machte diese Entwicklung obsolet.

Das Springfield M1903 wiegt fast vier Kilogramm und fasst 5 + 1 Patrone.

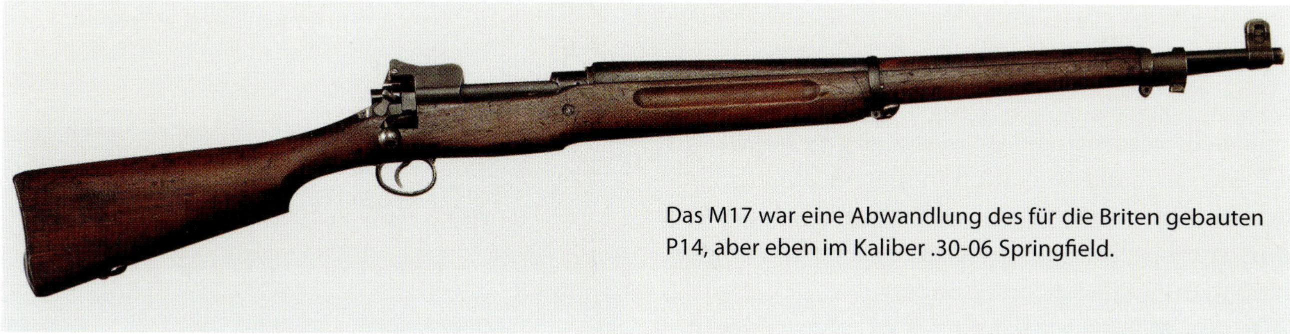

Das M17 war eine Abwandlung des für die Briten gebauten P14, aber eben im Kaliber .30-06 Springfield.

Neben den USA gingen die Waffen auch an andere Alliierte im Zweiten Weltkrieg. Sowohl in Europa als auch auf dem pazifischen Kriegsschauplatz traf man das Springfield M 1903 an.
Wenig bekannt dürfte sein, dass auch die Soldaten der Freien Französischen Armee das Springfield erhielten, genauso wie die 1. brasilianische Infanterie-Division. Brasilien schickte als einziges südamerikanisches Land Bodentruppen nach Europa. Die Einheit kämpfte in Italien gegen die Deutschen und erhielt logistische Unterstützung von den Amerikanern.
Die Deutschen erbeuteten einige der Gewehre und nahmen es als »7,62 mm Gewehr 249 (a)« in die Bestände auf. Vor allem an den Volkssturm gab man diese Waffe aus.

Und auch nach dem Ende des Zweiten Weltkrieges blieb die Waffe auch bei anderen Nationen ein gern genutztes Gewehr.
In Griechenland nutzten es die Truppen während der Kämpfe von 1946 bis 1949. Auch im Chinesischen Brügerkrieg von 1946 bis 1950 waren die Springfields zu finden.
Überhaupt traf man in vielen Teilen Asiens noch auf das M1903 – es überzeugte eben durch seine Leistungen und so mutet es wie ein Treppenwitz der Geschichte an, dass selbst in den Reihen Fidel Castros diese Gewehre zu finden waren, als er seinen Marsch auf Havanna begann und alsbald als Feind der USA galt.

Springfield M1903	
Kaliber:	.30-06
Mündungsgeschwindigkeit:	815 m/s
Länge:	1097 mm
Lauflänge:	610 mm
Gewicht:	3,94 kg
Kapazität:	5 Schuss
Einsatzreichweite:	600 m

Heute zählen die seltenen Ausführungen zu den gesuchten Sammlerobjekten. Ansonsten kann man das Springfield M1903 und seine weit verbreiteten Abarten vor allem noch beim sportlichen Schießen antreffen.
Denn das Kaliber gehört nach wie vor zu den am meisten verbreiteten auf dem Planeten und die Waffe verfügt immer noch über ihre exzellenten Eigenschaften, selbst wenn ihre Militärdienstzeit abgelaufen ist.

Andere Länder, andere Gewehre

Modifizierte Modelle oder Eigenentwicklung

Vielleicht wird sich der eine oder andere fragen, wo die eine oder andere Nation in diesem Buch geblieben ist. Oder aber warum verschiedenen Modellen nur eine bestimmte Seitenzahl zugewiesen wurde. Nun, das hat alles seine Gründe.
Was nun die Auswahl anging, so ging es vornehmlich um die Hauptakteure im Völkerringen von 1939 bis 1945, zu denen sich dann eben noch ein paar Nationen gesellten, die über waffentechnische Besonderheiten aus der Sicht des Autors verfügten. Und eben dieser letzte Punkt bringt uns zu diesem letzten Kapitel in diesem Buch. Denn es gab noch weitere Waffen, die Erwähnung finden sollten.

Mit Gewehr und Hund in den Kampf.

Finnland nutze eine Vielzahl von Nagant-Gewehren.

Vielleicht vermisste der eine oder andere die **Finnen** im Kapitel über die Skandinavier. Das hat aber einen einfachen Grund. Die Soldaten aus dem Land der 1000 Seen nutzten vornehmlich Gewehre russischer Bauart, genauer gesagt den Mosin Nagant.
Als M39 ist diese finnische Karabiner-Version bekannt. Im Jahr 1940 begann das Unternehmen Sako (noch heute bekannt für seine exzellenten Gewehre) mit der Produktion des M39. Auch Firmen wie VKT (alias Valmet) fertigten den M39. Bis dahin war es ein langer Weg.

In Stellung für die Presse.

In winterlicher Stellung mit extra Schutz unter dem Helm.

In den 1930er Jahren war die finnische Armee auf der Suche nach einer geeigneten Ordonnanzwaffe und stieß dabei auf das Modell 1895/35. Dieses hatte viele geforderte Details, aber auch ein paar Schwächen. So dauerte es bis zum 14. April 1939, ehe man das neue Gewehr offiziell als »Sotilaskivääri malli-39« bezeichnete. Es gab davon noch Unterversionen, die sich in Kleinigkeiten unterschieden. Noch etwa bis in die 1970er Jahre baute/modernisierte man diese Modelle, ehe sie ganz aus dem militärischen Alltag verschwanden.

Stempel auf einem tschechischen Gewehr aus Brno.

Bei den Kapiteln zum 98er System klang es ja schon an, dass es nach dem Ersten Weltkrieg Nationen gab, die die Gunst der Stunde und die zwischenzeitliche Schwäche der deutschen Rüstungsindustrie nutzen, um sich selbst auf dem internationalen Waffenmarkt zu etablieren.
Während Belgien lediglich den Verkauf im Blick hatte, nutzte die **Tschechoslowakei** das Wissen,

Eine Abwandlung eines Klassikers, aber nicht das Original.

um auch die eigenen Truppen damit auszustaffieren. Ihr Modell trug den Namen ZB vz. 24.
Dabei handelt es sich um eine Entwicklung aus den 1920er Jahren, die eben auf dem 98er System fußt. Von 1924 bis 1942 fertigte man dieses Gewehr vornehmlich in Brünn. Dort standen noch Fertigungsanlagen von Mauser, die die Tschechoslowaken kauften und selbst Waffen produzierten – durch den Versailler Vertrag war es deutschen Firmen untersagt, Waffen zu produzieren, und so veräußerte Mauser seine Maschinen, um Geld in die Kasse zu bekommen.

Die klassische Schiebevisierung dominiert bei den Langwaffen aus der Zeit des Zweiten Weltkrieges.

Die Tschechoslowakei brachte mit dem vz 24 (hier im Bild) eine Abwandlung des 98er-Systems heraus.

Man sieht: Von den Prinzipien unterscheiden sich die Waffen nur geringfügig von denen anderer Nationen.

An ein paar Stellen nahm man Verbesserungen vor.

Nach diversen Anfangskonstruktionen entstand eben das Gewehr 24, das als Standardgewehr bei der tschechoslowakischen Armee Einzug hielt. Aber auch als Exportmodell sorgte es reißenden Absatz. Rumänien, China, Guatemala, der Iran und andere Länder fanden sich auf der Liste der Bezieherstaaten wieder.
Mehr als 700.000 Stück stellte man in der Tschechoslowakei her. Die letzte Bestellung datiert vom Juli 1938. Dann drehte sich das Rad der Geschichte schneller. Nach der Einverleibung des Sudetenlandes im Oktober dauerte es kein halbes Jahr mehr, ehe im März 1939 das Deutsche Reich die sogenannte Resttschechei zerschlug und als »Protektorat Böhmen und Mähren« die absolute Kontrolle ausübte.
Damit fielen den Deutschen auch dringend benötigte Waffenfabriken in die Hände. Man baute so das Gewehr ZB vz. 24 einfach weiter und gab es an die eigenen Truppen aus.
Im Jahr 1942 allerdings endete die Produktion. Im Zuge von Rationalisierungsmaßnahmen stellte man die Produktion in Brünn auf den Karabiner 98k um. Allerdings blieben die tschechoslowakischen Modelle bis zum Ende des Krieges im Dienst und teilweise darüber hinaus.

Ähnlich wie die Tschechoslowakei handelte auch **Polen**. In seiner Geschichte mehrfach Spielball anderen Nationen, geteilt, verschwunden, restaurierte sich das Land nach dem Ende des Ersten Weltkrieges erneut.
Um sich vor anderen Ländern zu schützen, stellte man eine Armee auf. Zu den ersten Gewehren, die die Truppe erhielt, gehörten verschiedene Modelle,

Die Hinterlassenschaften des Krieges.

so russische Nagant-Gewehre, österreichische Modelle Steyr-Mannlicher, deutsche 98er und selbst Arisakas, Berthiers, Lebels und Lee-Enfields konnten angetroffen werden.

Dieses Sammelsurium (mehr als 20 verschiedene Modelle im Bestand nach dem Polnisch-Sowjetischen Krieg) konnte natürlich nicht beibehalten werden.

Es geriet zu einem glücklichen Umstand für die polnische Armee, dass der Vertrag von Versailles die Stadt Danzig als »Freie Stadt« einstufte und die Polen Zugriff auf die Fabriken in der Stadt an der

Soldaten auf dem Marsch.

Ostsee hatten. Als System fiel die polnische Wahl auf das System 98. Im Jahr 1922 begann man mit der Produktion eines Vorgängertyps, der die Bezeichnung wz. 98 erhielt. Dazu hatte man die Maschinen aus Danzig abtransportiert und in Radom wieder aufgebaut, wo alsbald das Herz der polnisches Waffenindustrie schlagen sollte.

Schon zwei Jahre später stoppten die Polen die Produktion, da sich zeigte, dass dieses alte, nachgebaute Modell nicht den modernen Anforderungen entsprach.

Es dauerte seine Zeit, bis dann ab dem Jahr 1930 das Modell wz. 29 von den Bändern lief. Es gab noch eine a-Version, deren Produktion im

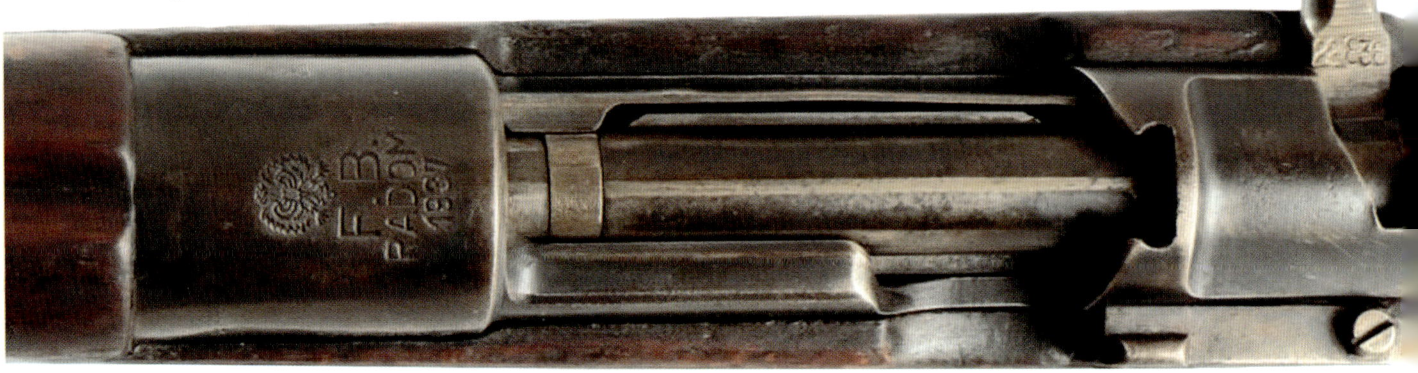

Polnische Fabrikation aus Radom.

Jahr 1936 anfing. Bis 1939 kamen mehr als 260.000 dieser Waffen aus den Maschinen.
Nach der Niederlage der polnischen Armee bauten die Deutschen das Gewehr als Modell 29/40 weiter. Auch polnische Untergrundkämpfer nutzten die Waffe.
Außerdem lieferten die Polen noch Modelle ihrer 98er-Interpretation unter anderem nach Spanien und nach Afghanistan.

Unter dem Namen Schmidt-Rubin ist das **Schweizer**-Armeegewehr jener Epoche bekannt. Das erste Modell wurde im Jahr 1889 ausgegeben und war vom Schweizer Rudolf Schmidt entwickelt worden. Dieser war Colonel, Waffenexperte und nicht zuletzt Chef der Schweizer nationalen Waffenfabrik in Bern.
Die zu dem Gewehr gehörige Munition im Kaliber 7,5x55 Millimeter entwarf Colonel-Major Eduard Rubin – was zu der Namensgebung für diese Waffe führte.
Vor allem der Verschluss der Konstruktion dürfte interessant sein. Der Verschlusszylinder bewegt sich hin und her und durch diese Vor- und Zurückbewegung des festen, nicht vertikal beweglichen Kammerstängels, sorgt dafür, dass die auf dem Verschlusszylinder befindlichen Verriegelungswarzen drehend in passende Aussparungen in der Verschlusshülse gleiten, wenn der Schütze die Waffe schließt – anders als eben beim Drehkammerverschluss.
Bei den ersten Modellen waren die Warzen hinten, bei den folgenden Versionen M1911 und M1931 waren sie vorne.
Ein untrügliches Erkennungsmerkmal der Schmidt-Rubin-Waffen: der Fingerring hinten am Verschlusszylinder. Mit ihm kann die Waffe nochmals gespannt werden, falls der Schuss nicht brach, aber er dient ebenso als Sicherung.
Von den Schmidt-Rubins gab es unterschiedliche Modelle, so auch Karabinerversionen oder Scharfschützenvarianten.
Erst im Jahr 1957 ersetzte die Schweizer Armee die alten Modell durch moderne SIG-Waffen, die aber noch ein paar Merkmale ihrer Vorgänger aufwiesen.
Die Schmidt-Rubin-Gewehrte gelten als topgefertigt, treffsicher und qualitativ hochwertig, weswegen sie noch heute gerne für das sportliche Militärgewehrschießen gesucht und genutzt werden.

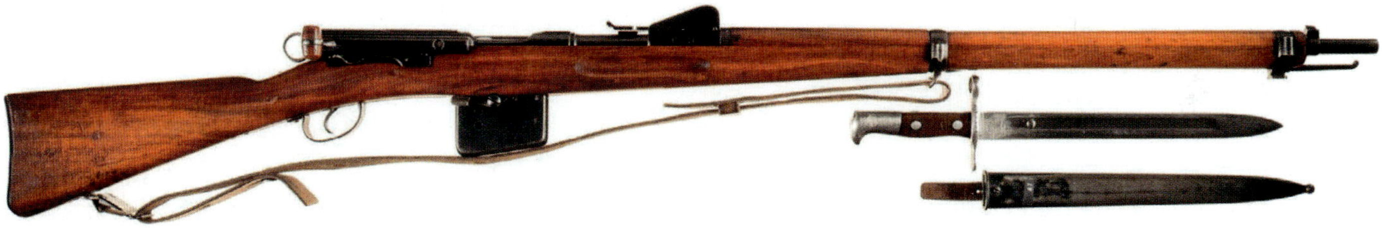

Das Schmidt-Rubin geht etwas in der Geschichte unter, gilt ...

... aber für seine Zeit als gute Waffe.

WEITERE INTERESSANTE BÜCHER ZUM THEMA

Schon vor dem Ersten Weltkrieg begann die Entwicklung selbstladender Waffen. Michael Heidler beschreibt die Geschichte halbautomatischer Gewehre aus aller Welt, unter anderem aus Deutschland, Frankreich, Großbritannien, USA und Russland.
128 Seiten, 180 Abbildungen,
Format: 210 mm x 280 mm
ISBN: 978-3-613-04333-6
€ 19,95 / € (A) 20,60

Michael Heidler beschreibt in diesem Band Typen, Funktionsweise und technischen Aufbau von Maschinenpistolen und erzählt, wie sich diese Waffe in Deutschland, Europa und in anderen Teilen der Welt entwickelt und durchgesetzt hat.
128 Seiten, 200 Abbildungen,
Format 210 x 280 mm
ISBN 978-3-613-04186-8
€ 19,95 / € (A) 20,60

Michael Heidler beschreibt, wie der Einsatz von Maschinenpistolen nach dem Zweiten Weltkrieg neu überdacht wurde. Das Sturmgewehr drängte die MP in neue Rollen als Selbstverteidigungs- und Nahkampfwaffen sowie im Polizei-Einsatz. Der Autor schildert Entwicklung, Typen und Technik moderner MP aus aller Welt.
128 Seiten, 180 Abbildungen,
Format: 210mm x 280mm
ISBN: 978-3-613-04218-6
€ 19,95 / € (A) 20,60

In seiner umfassenden Dokumentation zeigt Alexander Losert Militärpistolen und Revolver der wichtigsten Kriegsparteien im Zweiten Weltkrieg. Den Schwerpunkt dieses Buches bilden dabei die Waffen der Wehrmacht, inklusive der Beutewaffen, sofern sie verwendet wurden. Außerdem werden japanische Modelle aufgelistet.
128 Seiten, 180 Abbildungen,
Format: 210mm x 280mm
ISBN: 978-3-613-04280-3
€ 19,95 / € (A) 20,60

Stand Januar 2021
Änderungen in Preis und Lieferfähigkeit vorbehalten.

Überall, wo es Bücher gibt, oder unter
WWW.MOTORBUCH-VERSAND.DE
Service-Hotline: 0711 / 78 99 21 51

Motor buch Verlag